住房城乡建设部
十三五

住房城乡建设部土建类学科专业『十三五』规划教材

SketchUp、Lumion——园林景观极速设计

（建筑与规划类专业适用）

本教材编审委员会组织编写

裴斐 王巍 陶然 主编
王佳 副主编
季翔 主审

U0285448

中国建筑工业出版社

图书在版编目（CIP）数据

SketchUp, Lumion：园林景观极速设计：建筑与规划类专业适用/陶然主编.
北京：中国建筑工业出版社，2019.7（2023.3重印）
住房城乡建设部土建类学科专业"十三五"规划教材
ISBN 978-7-112-23958-0

Ⅰ.①S…　Ⅱ.①陶…　Ⅲ.①园林设计－景观设计－计算机辅助设计－
应用软件－高等学校－教材　Ⅳ.①TU986.2-39

中国版本图书馆CIP数据核字（2019）第133170号

本书以SketchUp2018和Lumion8.0为主要软件，讲解利用SketchUp2018完成景观规划、景观广场、景观小品等案例的建模工作，以及如何将SketchUp2018文件导入到Lumion8.0中完成场景与模型渲染、图片与动画的输出。

本书分为两篇，共15个项目。SketchUp2018建模篇包括SketchUp2018认知与基础操作，主要类工具操作，绘图类工具操作，编辑类工具操作，建筑施工类工具操作，相机类工具操作，截面类工具操作，沙箱类工具操作，风格类工具操作，规范组织模型场景以及综合案例。Lumion8.0渲染与动画篇包括Lumion8.0认知与基础操作，场景四大系统，导入模型与场景输出以及Lumion8.0综合案例。

本书教学结构为"项目描述——项目目标——项目要求——任务引入——知识链接——任务实施"六个步骤，并为学习者提供教学视频、快捷键等内容链接。

本书可作为高职院校园林工程技术专业、城乡规划专业、建筑设计专业、建筑室内设计专业、建筑装饰技术等专业及其相关专业的教材或参考用书，也可供有关工程技术人员参考使用。赠送课件邮箱：jckj@cabp.com.cn，电话：01058337285，建工书院：http://edu.cabplink.com（PC端）。

责任编辑：杨　虹　尤凯曦
责任校对：焦　乐

住房城乡建设部土建类学科专业"十三五"规划教材
SketchUp，Lumion——园林景观极速设计
（建筑与规划类专业适用）
本教材编审委员会组织编写
陶　然　主　编
裴　斐　王　巍　王　佳　副主编
季　翔　主　审

*

中国建筑工业出版社出版、发行（北京海淀三里河路9号）
各地新华书店、建筑书店经销
北京雅盈中佳图文设计公司制版
北京云浩印刷有限责任公司印刷

*

开本：787毫米×1092毫米　1/16　印张：15¼　字数：377千字
2019年9月第一版　2023年3月第七次印刷
定价：59.00元（赠教师课件）
ISBN 978-7-112-23958-0
（34262）

编审委员会名单

主 任：季 翔

副主任：朱向军 周兴元

委 员（按姓氏笔画为序）：

王 伟 甘翔云 冯美宇 吕文明 朱迎迎

任雁飞 刘艳芳 刘超英 李 进 李 宏

李君宏 李晓琳 杨青山 吴国雄 陈卫华

周培元 赵建民 钟 建 徐哲民 高 卿

黄立营 黄春波 鲁 毅 解万玉

前　　言

SketchUp 与 Lumion 两类软件在计算机辅助设计行业的应用越来越普遍。SketchUp 具有高效、精准、便捷的三维建模能力；Lumion 是一个实时的 3D 可视化工具，渲染效果真实。两类软件的结合将大大提速景观设计方案的起草与制定。

本书根据行业标准，结合最新高等职业教育建筑与规划类专业教学基本要求编写而成。注重从高职学生的学习思维模式出发，"弱理论、重实践"，以应用为目的。本书由两篇，共 15 个项目构成。

SketchUp2018 建模篇：

项目一：SketchUp2018 认知与基础操作，对软件的简要介绍，为初学者了解和简单使用 SketchUp2018 提供帮助。

项目二：SketchUp2018 主要类工具操作，可以完成对选择、制作组件、材质、擦除等主要命令的操作。

项目三：SketchUp2018 绘图类工具操作，可以完成不同类型的平面造型的绘制。

项目四：SketchUp2018 编辑类工具操作，可以完成较为复杂形体的绘制工作。

项目五：SketchUp2018 建筑施工类工具操作，可以完成形体测量、标注、辅助线、文字输入等命令的操作。

项目六：SketchUp2018 相机类工具操作，可以完成对物体和场景的观察、动画制作等。

项目七：SketchUp2018 截面类工具操作，可以对建筑构件内部情况进行剖切展示。

项目八：SketchUp2018 沙箱类工具操作，可以完成各类地形的绘制。

项目九：SketchUp2018 风格类工具操作，提供了多样化的出图风格。

项目十：SketchUp2018 规范组织模拟场景，对模型成组、图层、信息录入等的编辑操作。

项目十一：SketchUp2018 综合案例，全面地介绍了 SketchUp2018 绘制景观设计模型的流程。

Lumion8.0 渲染与动画篇：

项目十二：Lumion8.0 认知与基础操作，对软件的简要介绍。

项目十三：Lumion8.0 场景四大系统，对天气、自然景观、材质、配景等进行设置。

项目十四：Lumion8.0 导入模型与场景输出，完成对场景图片、动画和全景的绘制与输出。

项目十五：Lumion8.0 综合案例，全面地介绍了 Lumion8.0 场景制作的流程。

本书具有以下特色：

1. 本书在内容上严格控制，最大化降低难度，可以满足各阶段初学者的使用。

2. 采用六步教学结构："项目描述——项目目标——项目要求——任务引入——知识链接——任务实施"。

3. 书中两个篇章结尾部分设有综合案例，模拟实际工作过程，将前期所学的命令，运用到项目中温故知新。

4. 为了让学习者掌握得更牢固，在项目要求中设计了多种类型的习题，供学习者练习。

5. 本书配备了视频教学，更直观地演示软件的使用和命令操作过程。

本书由陶然主编，参加编写的有：黑龙江建筑职业技术学院陶然（项目一中的1.1，项目四、项目十三～项目十五）；黑龙江建筑职业技术学院裴斐（项目五、项目十～项目十二，附录）；黑龙江建筑职业技术学院王巍（项目二，项目六、项目七）；哈尔滨华德学院王佳（项目三，项目八、项目九）；江西建设职业技术学院陈宇（项目一中1.2、1.3、1.4）；全书SketchUp2018微视频由陶然录制，全书由陶然统稿。

本书在编写过程中得到了全国住房和城乡建设职业教育教学指导委员会建筑与规划类专业指导委员会的大力支持与帮助，谨此深表感谢。

由于编者水平有限，本书难免有疏漏之处，敬请读者批评、指正。

编者

目　　录

SketchUp2018 建模篇

Lumion8.0 渲染与动画篇

SketchUp，Lumion
——园林景观极速设计

SketchUp2018 建模篇

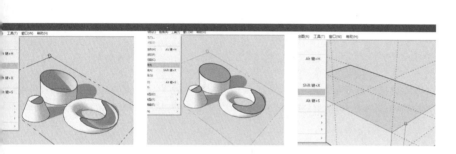

1

项目一　SketchUp2018
　　　　认知与基础操作

【项目描述】

SketchUp2018 软件是一套直接面向设计方案创作过程的设计类软件工具。SketchUp2018 可完成城市规划、建筑设计、景观设计、室内设计、工业产品设计等设计方案的制作。项目一认知与基础操作，是对 SketchUp2018 的简要介绍，为初学者了解和简单使用 SketchUp2018 提供帮助。

【项目目标】

1. 了解 SketchUp 发展史。
2. 掌握 SketchUp2018 软件下载与安装。
3. 认知向导界面作用及设置。
4. 掌握工作界面分布及各部分名称。
5. 掌握优化工作设置。
6. 了解如何添加工具与大工具集。
7. 掌握视图控制与模式切换。

【项目要求】

1. 根据任务 1.1 要求，了解 SketchUp2018 软件发展史和电脑配置要求，掌握 SketchUp2018 软件下载与安装。
2. 根据任务 1.2 要求，完成模板选择。
3. 根据任务 1.3 要求，展开对 SketchUp2018 工作界面的认知与部分命令的应用。
4. 根据任务 1.4 要求，对 SketchUp2018 优化工作界面进行设置。

任务 1.1 软件初识

■ 任务引入

SketchUp2018 是快捷、高效的三维建模软件，为设计方案的优质呈现提供强大的技术支持。那么，我们该如何获取 SketchUp2018 安装程序呢？如何将程序安装到个人电脑中呢？

本节我们的任务是了解 SketchUp 发展史，掌握 SketchUp2018 软件下载与安装。为之后的操作提供支持。

■ 知识链接

在正式使用 SketchUp2018 软件绘制图形前，首先我们要对这款软件有一个初步的认识，便于后续的学习。

1.1.1 SketchUp 软件概述

SketchUp 是以"草图大师"著称的三维绘图软件。它界面直观简洁，图标式命令按钮，简单易懂，学习成本低廉，面向设计全过程，与其他软件数据格式高度兼容，应用范围广泛，并且不断更新，已经历了多个版本的演化。

SketchUp1.0 ┃ 2.0 ┃ 3.0 ┃ 4.0 ┃ 5.0 版本由 @Last Soft 公司 2000 年研发。

SketchUp6.0 ┃ 7.0 ┃ 8.0 版本由 Google 公司 2006 年收购并继续研发。

SketchUp2013 ┃ 2014 ┃ 2015 ┃ 2016 ┃ 2017 ┃ 2018 版本由 Trimble 公司 2012 年收购并继续研发至今。

1.1.2 SketchUp 软件所需硬件配置

1. 硬件配置建议

SketchUp 软件所需硬件要求不高，满足以下条件即可顺畅运行，见表 1-1。即使是超过 100M 的超大模型也能运行自如。

计算机硬件配置参考　　　　　　　　　　　　　　　　　表1-1

CPU	显卡	RAM	硬盘
1.5HGz↑ 主频最低要求	1024M↑ 内存最低要求	4G↑ 动态内存最低要求	240G↑ 建议使用固态硬盘（SSD）为C盘

2. 了解当前电脑的硬件配置

首先，在快速搜索栏 中输入"dxdiag"（图 1-1），按 Enter 键运行命令。在系统标签栏中，标明当前操作系统版本、CPU 品牌型号与主频大小、内存大小等信息（图 1-2）。在显示标签栏中，标明显卡品牌、芯片型号与显存大小（图 1-3）。

1.1.3 SketchUp 与其他建模软件比较

3Dmax，Maya，Rhion 等都是很强大的三维建模软件。那么，SketchUp 与它们相比有哪些优势呢？如表 1-2 所示，通过一些横向测评，对比各软件的优势与劣势，便于学习者根据实际情况选择适合自身使用的软件。

图 1-1　快速搜索 dxdiag

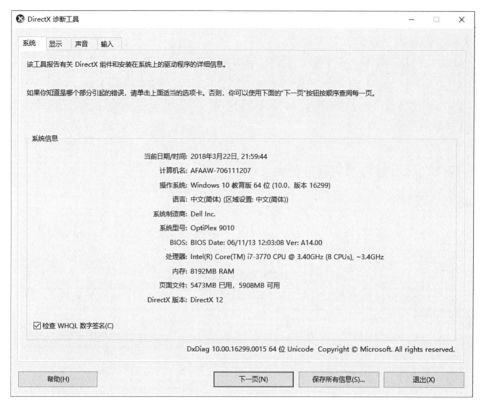

图 1-2　DirectX—系统

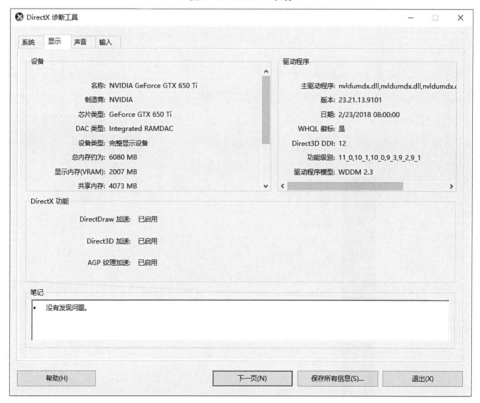

图 1-3　DirectX—显示

| 三维建模软件综合对比 | | | | | | 表1-2 |
综合对比 软件名称	建模速度	操作感受	非线曲面	学习周期	渲染接口	直观交流
SketchUp	○	○	×	○	○	○
3Dmax	×	×	○	×	○	×
Maya	×	×	○	×	○	×
Rhion	×	×	○	×	○	×

1.1.4 SketchUp 下载与安装

进入 SketchUp 官网 https：//www.sketchup.com，在 Products 栏中选择所需版本（SketchUp Pro 专业版本、SketchUp Free 免费试用版本、SketchUp for Schools 学生学习版本，如图 1-4 所示）。下载后即可安装。

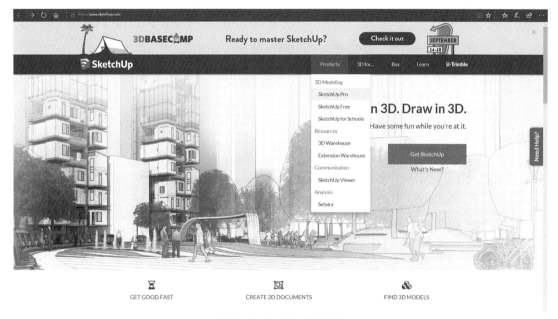

图 1-4 SketchUp 官网页面

■ 任务实施

下载并安装 SketchUp2018 软件。

任务 1.2 向导界面认知

■ 任务引入

向导界面是进入 SketchUp 的第一扇窗口，帮助我们选择适合相应设计种类的模板。

本节的任务是了解向导界面，从而根据需要选择模板类型。

■ 知识链接

安装好 SketchUp2018 后，双击桌面上的快捷图标 启动软件，首先出现的是 "欢迎使用 SketchUp" 界面，这个界面就是向导界面（图1-5）。

图1-5 向导界面

在 SketchUp2018 向导界面中，包含两个按钮："选择模板" 选择模板 按钮和 "开始使用 SketchUp" 开始使用 SketchUp 按钮。

"选择模板" 选择模板 ：选择软件启动时的模板文件（图1-6）。例如：选择 "木工—毫米" 模板，具有占用系统资源少，背景简洁等特点。另外，模板名称标注的单位，将成为用户绘制的图形单位。

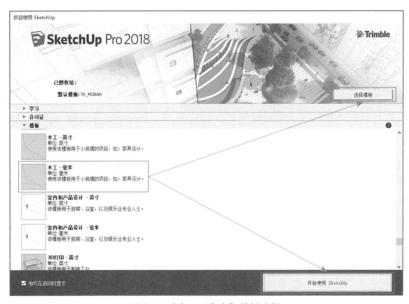

图1-6 "木工—毫米" 模板选择

"开始使用 SketchUp" [开始使用 SketchUp] ：启动 SketchUp 软件。

■ 任务实施

选择"建筑设计－毫米"模板，进入 SketchUp 操作界面。

任务 1.3　工作界面认知

■ 任务引入

SketchUp2018 软件的操作很多都是基于工作界面完成的，工作界面为使用者提供了良好的可视化平台。

本节的任务是了解工作界面各部分的组成情况，为之后绘图做好准备。

■ 知识链接

SketchUp2018 的初始工作界面主要由标题栏、菜单栏、大工具栏、控制面板、绘图区、提示行、数值控制区构成（图 1-7）。

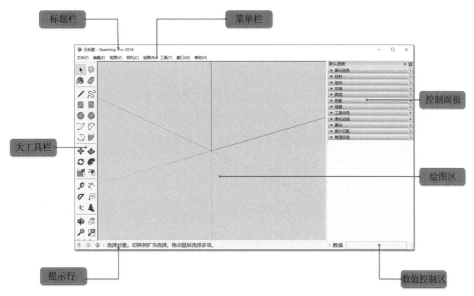

图 1-7　工作界面

（1）标题栏：显示 SketchUp2018 图标、文件名称、SketchUp 版本信息等。

（2）菜单栏：SketchUp2018 所有命令均可在菜单栏中找到。快速启动菜单栏，单击 Alt+ 菜单字母，如 Alt+F 快速启动"文件"菜单。

（3）大工具栏：显示常用工具按钮。

（4）控制面板：辅助绘图与图元、组件编辑。

（5）绘图区：创建与编辑模型。

（6）提示行：显示命令提示和状态信息。

（7）数值控制区：显示绘图过程中的尺寸信息，也可以接受键盘输入的数值。

1.3.1　标题栏

标题栏位于界面的最顶部，从左至右依次是 SketchUp 软件的标志、当前编辑的文件名称、软件版本和窗口控制按钮，如图 1-7 所示。

1.3.2　菜单栏

菜单栏位于标题栏下方，包含"文件（F）"、"编辑（E）"、"视图（V）"、"相机（C）"、"绘图（R）"、"工具（T）"、"窗口（E）"和"帮助（H）"8 个主菜单（图 1-7）。快速启动菜单栏：Alt+ 菜单后字母，如启动"文件（F）"菜单，Alt+F。

1．文件

"文件"菜单用于管理场景中的文件，包括"新建"、"打开"、"保存"等命令（图 1-8）。

（1）新建：Ctrl+N。执行该命令将新建一个 SketchUp 文件，并关闭当前文件。如需要同时编辑多个文件，则需要打开另外的 SketchUp 应用窗口。

（2）打开：Ctrl+O。执行该命令打开需要进行编辑的文件。

（3）保存：Ctrl+S。该命令用于保存当前编辑的文件。

与其他软件一样，SketchUp 也有自动保存功能。单击"窗口"菜单——"系统设置"，然后在弹出的"系统设置"对话框中选择"常规"，并勾选"自动保存"复选框，即可设置自动保存的间隔时间，如图 1-9 所示。

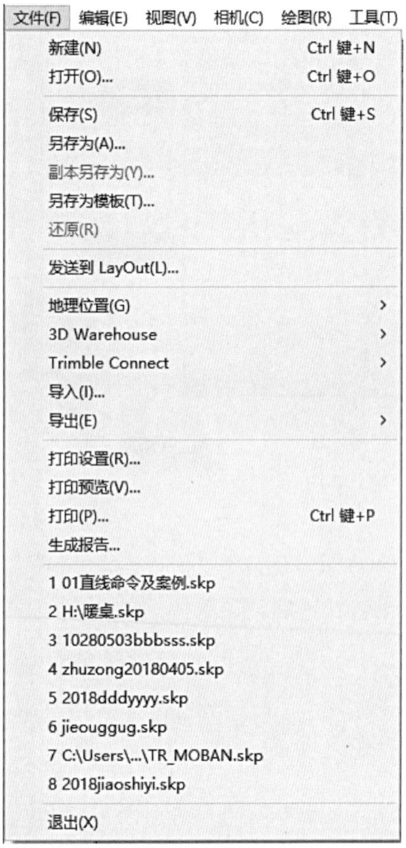

文件(F) 编辑(E) 视图(V) 相机(C) 绘图(R) 工具(T)	
新建(N)	Ctrl 键+N
打开(O)...	Ctrl 键+O
保存(S)	Ctrl 键+S
另存为(A)...	
副本另存为(Y)...	
另存为模板(T)...	
还原(R)	
发送到 LayOut(L)...	
地理位置(G)	>
3D Warehouse	>
Trimble Connect	>
导入(I)...	
导出(E)	>
打印设置(R)...	
打印预览(V)...	
打印(P)...	Ctrl 键+P
生成报告...	
1 01直线命令及案例.skp	
2 H:\暖桌.skp	
3 10280503bbbsss.skp	
4 zhuzong20180405.skp	
5 2018dddyyyy.skp	
6 jieouggug.skp	
7 C:\Users\...\TR_MOBAN.skp	
8 2018jiaoshiyi.skp	
退出(X)	

图 1-8　文件菜单

（4）另存为：Ctrl+Shift+S。该命令将当前编辑的文件另行保存。

（5）副本另存为：该命令用于保存过程文件，对当前文件没有影响，在保存重要步骤或构思时非常便捷。此选项只有在对当前文件命名后才能激活。

（6）另存为模版：该命令用于将当前文件另存为一个 SketchUp 模版。

（7）还原：执行该命令后将返回最近的一次保存状态。

（8）发送到 LayOut：执行该命令可以将场景模型库发送到 Layout 中进行图纸的布局与标注等操作。

（9）地理位置：利用该命令可以完成地理位置添加，可将地图中的场景添加到 SketchUp 中。

（10）3D Warehouse：这是目前全球最大的 SketchUp 模型库，可下载所需要的模型。单击"获取模型"按钮，通过搜索栏找到模型，也可以分享自己的模型。

（11）Trimble Connect：为天宝建筑全生命周期在线数据储存和协作平台，支持不同格式设计文档。

（12）导入：该命令用于将其他文件插入 SketchUp，包括组件、图像、DWG/DXF 文件和 3DS 文件等。

（13）导出：该子菜单包括 4 个命令，分别为"三维模型"、"二维图形"、"剖面"和"动画"（图 1-10）。

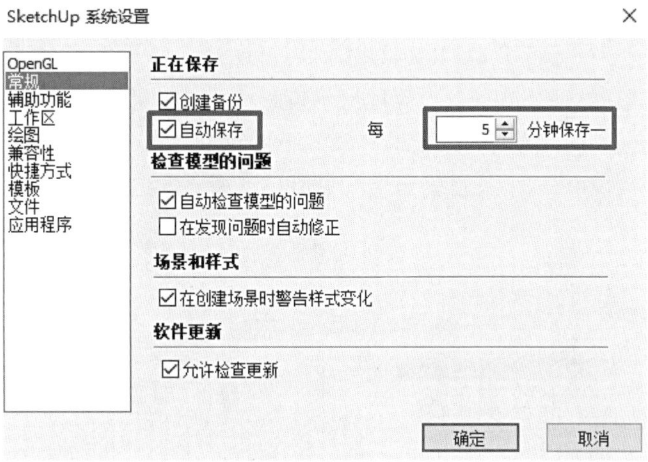

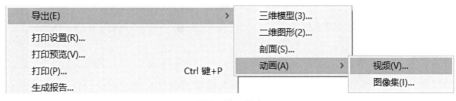

图 1-9 自动保存设置

图 1-10 导出

操作技巧:

1.导入的图像并不是分辨率越高越好,为避免增加模型的文件的大小,一般将图像的分辨率控制在72像素/英寸即可。

2.将图形导入作为 SketchUp 底图时,可以考虑将图形的颜色调整得较为鲜明,以便描图时显示得更清晰。

3.导入 DWG 和 DXF 文件之前,先在 AutoACD 里将所有线的标高统一为零,并最大限度地保证线的完整度和闭合度。

4.导入的文件可以分为 4 种类型:

(1)导入组件:将其他的 SketchUp 文件作为组件导入当前的模型,也可以将文件直接拖放到绘图窗口中。

(2)导入图像:将一个基于像素的光栅图像作为图形对象放置到模型中,用户也可以直接拖放一个图像文件到绘图窗口。

(3)导入材质图像:将一个基于像素的光栅图像作为一种可以应用于任意表面的材质插入模型中。

(4)导入 DWG/DXF 格式文件:将 DWG 和 DXF 文件导入 SketchUp 模型,支持的图形元素包括线、圆弧、圆、多线段、面、有厚度的实体、三维面以及关联图块等。导入的实体会转换为 SketchUp 的线段和表面放置相应的图层,并创建为一个组。导入图像后,可以通过全屏窗口缩放查看。

①"三维模型"：执行该命令可以将模型导出为 dwg、dxf、3ds 等格式（图 1-11）。

②"二维图像"：执行此命令可以导出 2D 矢量图形。基于像素的图形可以导出为 jpg、bmp、tif、png 等格式。这些格式可以准确地显示投影和材质，可根据图像的大小调整像素，更大的图像需要更多的时间，输出的图像尺寸最好不要超过 5000×3500 像素。矢量图形可以导出为 pdf、dwg、dxf、eps 格式，矢量输出格式可能不支持一定的显示选项，如阴影、透明度和材质（图 1-12）。

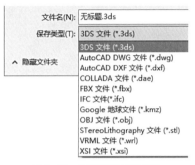

图 1-11　三维模型导出类型

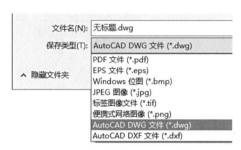

图 1-12　二维图形导出格式

需要注意的是，在导出立面、平面等视图的时候不要忘记关闭"透视显示"模式。

③"剖面"：执行该命令可以精准地以标准矢量格式导出 2D 剖切面（图 1-13）。

④"动画"：执行该命令可以将创建的动画页面序列号导出为视频文件（图 1-14）。

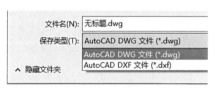

图 1-13　剖面导出格式

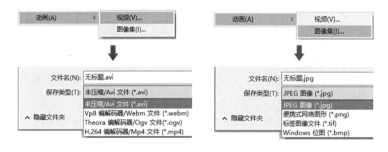

图 1-14　视频、图像集导出

（14）打印设置："打印设置"对话框中可以对打印所需的设备和纸张大小进行设置。

（15）打印预览：使用指定的打印设备后，可预览打印效果。

（16）打印：Ctrl+P。该命令可以用于打印当前绘图区显示的内容。

（17）生成报告：将模型高级属性生成报表，以 Excel 表格形式导出或在 LayOut 中形成表格。

（18）退出：该命令用于关闭当前文档和 SketchUp 应用窗口。

2. 编辑

"编辑"菜单用于对场景中的模型进行编辑操作。包括"撤销画线"、"重复"、"粘贴"等命令，如图1-15所示。

(1) 撤销画线：Alt+Backspace或Ctrl+Z。执行该命令将返回上一步的操作，但只能撤销创建物体和修改物体的操作。

(2) 重复：Ctrl+Y。用于取消"撤销画线"命令。

(3) 剪切／复制／粘贴：快捷键分别为Ctrl+X/Ctrl+C/ Ctrl+V。这三个命令可以让选中的对象在不同的SketchUp程序窗口之间进行移动。

(4) 原位粘贴：该命令用于将复制的对象粘贴到原坐标。

(5) 删除：Delete。该命令用于将选中的对象从场景中删除。

(6) 删除参考线：Ctrl+Q。该命令用于删除场景中所有的辅助线。

(7) 全选：Ctrl+A。该命令用于选择场景中的所有可选物体。

(8) 全部不选：Ctrl+T。与"全选"命令相反，该命令用于取消对当前所有元素的选择。

(9) 隐藏：H。该命令用于隐藏所选物体。

(10) 取消隐藏：该命令子菜单包含三个命令，分别是"选定项"、"最后"和"全部"，如图1-16所示。

图1-15 编辑菜单

图1-16 取消隐藏菜单

①选定项：用于显示所选的隐藏物体。

②最后：该命令用于显示最近一次隐藏的物体。

③全部：执行该命令后，所有显示图层的隐藏对象将被显示。注意，此命令对不显示的图层无效。

(11) 锁定／取消锁定："锁定"用于锁定当前选择的对象，使其不能被编辑；"取消锁定"命令则用于解除对象的锁定状态。

(12) 创建组件：组件是将一个或多个的集合定义为一个单位，使之对其进行整体编辑。组件与群组类似，但组件在与其他用户或其他SketchUp组件之间共享数据时更为方便。组件就是一个SketchUp文件，可以放置或插入到其他的SketchUp文件中去。

组件可以是独立的物体，如家具（桌子和椅子）等；也可以是关联物体，如门窗等。组件的尺寸和范围不是预先设定好的，也没有限制。组件除了包括组的材质、组织、区分、选集等特点外，组件还提供以下功能特点：

①关联行为：如果编辑关联组件中的一个，其他关联组件也会同步更新。

②组件库：SketchUp 附带一系列预设组件库，也可以创建自己的组件库。

③文件链接：组件只存在于创建它们的文件中（内部组件）。或者将组件导出，导入到新的 SKP. 文件中。

④组件替换：可以用另外的 SKP. 文档的组件来替换当前文档的组件。这样可以进行不同细节等级的建模和渲染。

⑤特殊的对齐行为：组件可以对齐到不同的表面上，和／或在组件与表面相交的剪切位置开口。组件还可以有自己内部的绘图坐标轴。

(13) 创建群组：群组可以用来组织模型中的几何体。群组功能特点：

①快速选择：选择一个群组时，群组内所有的元素都将被选中。

②几何体隔离：群组可以使组内的几何体和模型的其他几何体分隔开来，这意味着不会被其他几何体修改。

③帮助组织模型：可以把几个群组再编为一个群组，创建一个分层级的群组。

④改善性能：用组群来划分模型，使 SketchUp 更有效地利用计算机资源。

⑤组的材质：分配给群组的材质会由组内使用默认材质的几何体继承，而指定了其他材质的几何体则保持不变。这样可以快速地给某些特定的表面上色。

(14) 关闭组／组件：进入组／组件后，点击"关闭组／组件"，退出组／组件。

(15) 交错平面：选择两个或以上相互搭接的组／组件，点击"交错平面"，形成实体交线（图 1-17）。

图 1-17　交错平面

(16) 没有选择内容：当选择"没有选择内容"子菜单中的边线、平面、边线与平面、组／组件形体时，会变为"边线"、"平面"、"图元"、"实体组件"字样。并弹出相应编辑命令。

操作技巧：

"创建组件"、"创建群组"、"交错平面"、"没有选择内容"均可在绘图区单击鼠标右键完成相应操作。"关闭组／组件"，在组／组件内部可编辑状态时，单击键盘"Esc"键，可快速退出组／组件。

图 1-18　视图菜单

3. 视图

"视图"菜单包含了模型显示的多个命令（图 1-18）。

(1) 工具栏：该命令子菜单中包含了 SketchUp 中的所有工具栏，单击勾选这些命令，即可在绘图区中显示出相应工具栏。一般勾选"大工具集"、"实体工具"、"视图"、"风格"、"图层"、"阴影"等常用工具栏（图 1-19）。

图 1-19　工具栏

（2）场景标签：位于绘图窗口的顶部，当添加动画场景后，显示场景名称的标签（图 1-20）。

（3）隐藏物体：Alt+H。在 SketchUp 中隐藏的物体有时会以网格方式出现（图 1-21）。可利用虚显的结构线框，用直线或其他线条连接，来完成多种形式结构拆分与变形。如果隐藏的物体不需要虚显，禁止该选项即可，模型就会完全隐藏。

（4）显示剖切：该命令显示模型的任意剖切面在空间中所处位置（图 1-22）。

图 1-20　场景标签

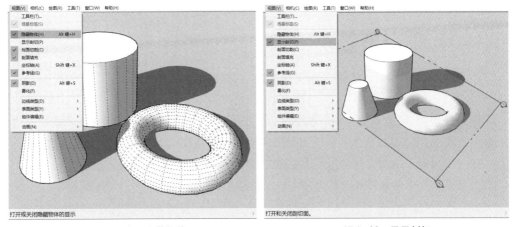

图 1-21　启用隐藏物体　　　　　　　　　图 1-22　显示剖切

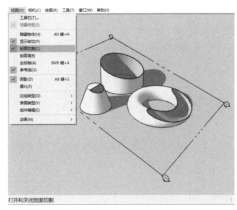

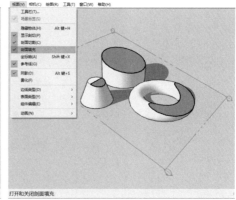

| 图 1-23 剖面切割 | 图 1-24 剖面填充 |

(5) 剖面切割：该命令用于显示模型的剖面（图 1-23）。

(6) 剖面填充：该命令是 SketchUp Pro 2018 新增命令，用于显示模型的剖面颜色，并可以在风格面板中自行调节剖面填充颜色（图 1-24）。

(7) 坐标轴：Shift+X。该命令用于显示／隐藏绘图区的坐标轴。

(8) 参考线：该命令用于显示／隐藏建模过程中的辅助线（图 1-25）。

(9) 阴影：Alt+S。该命令用于打开／关闭日光照在模型上投射在地面或其他模型上的阴影，并在阴影面板中可调节日照时间、月份及明暗效果（图 1-26）。

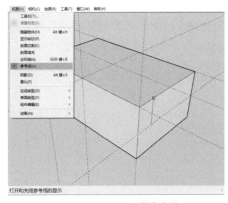

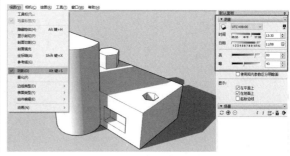

| 图 1-25 显示／隐藏参考线 | 图 1-26 打开关闭阴影 |

(10) 雾化：该命令用于为场景添加雾化效果，并在雾化面板中拖动滑块，调节雾化距离（图1-27）。

(11) 边线类型：该命令包含 5 个子命令，其中"边线"和"后边线"用于显示模型的边线，"轮廓线"、"深粗线"、"扩展程序"用于激活相应的边线渲染模式，用户可以在"默认面板"——"风格"——"编辑"中调节各种边线渲染模式（图 1-28）。

(12) 表面类型：该命令包含 6 个子命令，分别是"X 光透视模式"、"线框显示"、"消隐"、"着色显示"、"贴图"、"单色显示"。"X 光透视模式"可以便于观察模型内部构造与纠错（图1-29a）；"线框显示"将实体模型外轮廓线完全显示（图 1-29b）；"消隐"只显示实体模型外

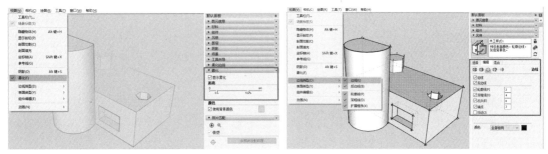

图1-27　打开关闭雾化效果　　　　　　　　　　图1-28　边线类型渲染效果

表线条，被模型本身或其他模型所遮挡的线条不显示（图1-29c）；"着色显示"在模型被赋予材质或贴图后，只显示材质颜色或贴图基本颜色，不显示贴图纹理（图1-29d）；"贴图"在模型被赋予材质或贴图后，既显示材质颜色或贴图基本颜色，又显示贴图纹理（图1-29e）；"单色显示"无论模型是否被赋予材质颜色或贴图，只显示模型正面和背面颜色，可用于判断模型是否存在反面问题（图1-29f）。

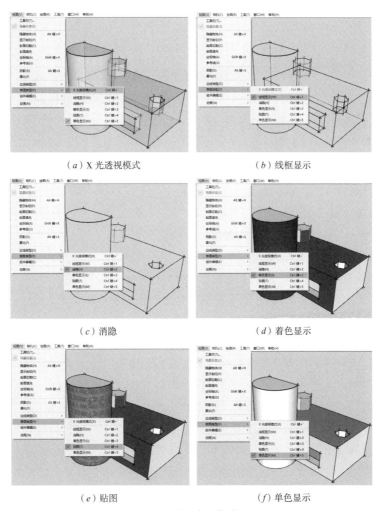

（a）X光透视模式　　　　　　　　　　（b）线框显示

（c）消隐　　　　　　　　　　（d）着色显示

（e）贴图　　　　　　　　　　（f）单色显示

图1-29　表面类型

(13) 组件编辑：该命令包含的子命令用于改变编辑组件时的显示方式，包括"隐藏剩余模型"和"隐藏类似的组件"。

(14) 动画：该命令可以编辑动画。包括"添加场景"、"更新场景"、"删除场景"、"上一场景"、"下一场景"、"播放"和"设置"。

4. 相机

"相机"菜单包含了改变模型视角的命令（图1-30）。

(1) 上一个：该命令用于返回上一次使用的视角。

(2) 下一个：该命令可以往后翻看下一视图。

(3) 标准视图：SketchUp2018提供了一些预设标准角度的视图类型，包括"顶视图"、"底视图"、"前视图"、"后视图"、"左视图"、"右视图"和"等轴视图"（图1-31）。通过该命令可调整当前视图。

图1-30 相机

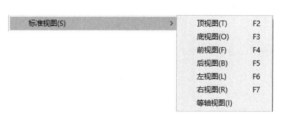

图1-31 标准视图

(4) 平行投影：该命令用于调用"平行投影"显示模式。

(5) 透视显示：该命令用于调用"透视显示"模式。

(6) 两点透视：该命令用于调用"两点透视"显示模式。

(7) 匹配新照片：该命令可以引入照片作为材质，对模型进行贴图。

(8) 编辑匹配照片：该命令用于对匹配的照片进行编辑修改。

(9) 转动：该命令用于相机以轴线为原点旋转。

(10) 平移：该命令可以对视图进行平移。

(11) 缩放：执行该命令后，按住鼠标左键在屏幕上拖动，完成实时缩放。

(12) 视野：执行该命令后，按住鼠标左键在屏幕上拖动，可以使视野加宽或变窄。

(13) 缩放窗口：该命令用于放大窗口选定的元素。

(14) 缩放范围：该命令用于使场景充满绘图窗口。

(15) 背景充满视窗：该命令用于使背景图片充满绘图窗口。

(16) 定位相机：该命令可以将相机镜头精准地放置到眼睛高度或者置于某个精准的点。

(17) 漫游：该命令用于调用"漫游"工具。

(18) 观察：该命令用于调用"观察"工具。

(19) 预览匹配照片：使用建筑模型制作工具制作的建筑物会以 ".skp" 文件形式导入到 SketchUp 中。在这些文件中，用于制作建筑物的每个图像都有一个场景。"预览匹配照片" 功能可以让用户轻松浏览这些图像，并与其他绘图编辑命令搭配使用，进一步制作模型细节。

5. 绘图

"绘图" 菜单包含绘制图形的几个命令（图 1-32a）。

(1) 直线：该命令包括 "直线" 和 "手绘线" 两个子命令（图 1-32b）。

①直线：可以绘制直线、相交直线或者闭合的直线图形。

②手绘线：可以绘制不规则的、共面相连的曲线，从而创造出多段曲线或者简单的徒手画物体。

(2) 圆弧：该命令包括 "圆弧"、"两点圆弧"、"3点圆弧" 和 "扇形" 四个子命令（图 1-32c）。

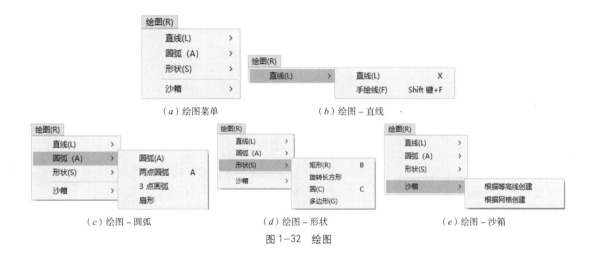

图 1-32　绘图

①圆弧：可以绘制任意圆弧和精确圆弧。

②两点圆弧：可以根据起点、终点、凸起部分绘制圆弧。

③3点圆弧：可以根据圆周上的三点绘制圆弧。

④扇形：可以从中心和两点绘制圆弧，也就是扇形。

(3) 形状：该命令包括 "矩形"、"旋转长方形"、"圆" 和 "多边形" 四个子命令（图 1-32d）。

(4) 沙箱：该命令包括 "根据等高线创建" 和 "根据网格创建" 两个子命令（图 1-32e）。

6. 工具

"工具" 菜单包括对物体进行操作的常用命令（图 1-33）。

(1) 选择：选择实体，对实体进行编辑操作。

(2) 删除：用于删除边线、辅助线和绘图窗口中的模型。

(3) 材质：执行该命令可以打开 "材质" 编辑器，用于面和组件材质的赋予。

(4) 移动：该命令可以用于移动、拉伸和复制形体，也可以用来旋转形体和组件。

图 1-33　工具菜单

（5）旋转：该命令可以在一个旋转面里旋转绘图要素、单个或多个形体，也可以选中一部分形体进行拉伸和扭曲。

（6）缩放：执行该命令可以对选中形体进行缩放。

（7）推／拉：该命令可以用来扭曲和均衡模型中的面。根据几何体特征的不同，可进行移动、挤压、添加或者删除面。

（8）路径跟随：可以沿着某一连续的边线路径进行拉伸。

（9）偏移：执行该命令可以用于偏移复制共面的线或者面。在原始面内部和外部偏移边线，偏移一个面会创造出一个新的面。

（10）外壳：可以将两个组件合并为一个形体并自动成组。

（11）实体工具：包括5种布尔运算功能，即"交集"、"并集"、"差集"、"修剪"和"拆分"（图1-34）。

图1-34　工具－实体工具

（12）卷尺：该命令用于绘制辅助测量线，使建模操作更简便、精确。

（13）量角器：该命令用于绘制一定角度的辅助量角器。

（14）坐标轴：该命令用于设置坐标轴，也可以进行修改，对绘制斜面物体非常方便。

（15）尺寸：该命令用于在模型中标注尺寸。

（16）文字标注：该命令用于在模型中输入文字。

（17）三维文字：该命令用于在模型中放置三维文字，可以设置文字的大小和挤压厚度。

（18）剖切面：该命令用于在模型中显示物体的剖切面。

（19）高级镜头工具：该命令用于创建镜头及修改镜头的各项参数，包括"创建相机"、"仔细查看相机"、"锁定／解锁当前相机"、"显示／隐藏所有相机"、"显示／隐藏相机视锥线"、"显示／隐藏相机视锥体"、"重置相机"和"选择相机类型"等命令。

（20）互动：通过设置组件属性，给组件添加多个属性。运行动态组件时会根据不同属性进行动态变化显示。

（21）沙箱：该命令包含5个子命令，即"曲面起伏"、"曲面平整"、"曲面投射"、"添加细部"和"对调角线"等。

7. 窗口

"窗口"菜单中的命令代表着不同的编辑器和管理器。通过这些命令可以打开相应的浮动窗口，以便快捷地使用常用编辑器和管理器，而且各个浮动窗口可以相互吸附对齐，单击即可展开。

8. 帮助

通过"帮助"菜单中的命令可以了解软件各部分的详细信息和学习教程（图1-35）。

图1-35　帮助菜单

1.3.3　工具栏

工具栏包含了常用的工具，用户可以自定义这些工具的显示和隐藏状态或显示大小等（图1—36、图1—37）。

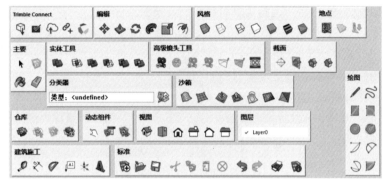

图 1—36　工具栏按钮

图 1—37　工具栏面板

1. 标准

"标准"工具栏主要包括"新建"工具、"打开"工具、"保存"工具、"剪切"工具、"复制"工具、"粘贴"工具、"擦除"工具、"撤销"工具、"重做"工具、"打印"工具和"模型信息"工具（图1—38）。

图 1—38　标准

（1）新建![icon]：Ctrl+N，创建新模型。

（2）打开![icon]：Ctrl+O，打开现有模型。

（3）保存![icon]：Ctrl+S，保存当前模型。

（4）剪切![icon]：Ctrl+X，将所选图元剪切到系统剪贴板。

（5）复制![icon]：Ctrl+C，将所选图元复制到系统剪贴板。

（6）粘贴![icon]：Ctrl+V，将系统剪贴板上的内容粘贴到模型。

（7）擦除![icon]：擦除模型中的所选图元。

（8）撤销![icon]：Ctrl+Z，撤销上次操作。

（9）重做![icon]：Ctrl+Y，重做前面撤销的操作。

（10）打印![icon]：Ctrl+P，打印当前模型。

（11）模型信息![icon]：激活"模型信息"窗口。

2. 主要

"主要"工具栏是对模型进行选择、制作组件以及材质赋予的常用命令。包括"选择"工具![icon]、"制作组件"工具![icon]、"材质"工具![icon]和"擦除"工具![icon]（图1-39）。

（1）选择![icon]：Blank Space，选择要用其他工具或命令修改的图元。

（2）制作组件![icon]：根据所选图元制作组件。

（3）材质![icon]：对模型中的图元应用颜色和材质。

（4）擦除![icon]：擦除、软化或平滑模型中的图元。

3. 绘图

"绘图"工具栏主要是创建模型的一些常用工具。包括"直线"工具![icon]、"手绘线"工具![icon]、"矩形"工具![icon]、"旋转矩形"工具![icon]、"圆"工具![icon]、"多边形"工具![icon]、"中心圆弧"工具![icon]、"起点终点圆弧"工具![icon]，"3点圆弧"工具![icon]，"扇形"工具![icon]（图1-40）。

图1-39 主要

图1-40 绘图

（1）直线![icon]：根据起点和终点绘制直线。

（2）手绘线![icon]：通过点击并拖动手绘线条。

（3）矩形![icon]：根据起始角点和终止角点绘制矩形平面。

（4）旋转矩形![icon]：从3个角画矩形面。

（5）圆![icon]：根据中心点和半径绘制圆。

（6）多边形![icon]：根据中心点和半径绘制N边形。

（7）中心圆弧![icon]：从中心和两点绘制圆弧。

（8）起点终点圆弧![icon]：根据起点、终点和凸起部分绘制圆弧。

（9）3点圆弧![icon]：通过圆周上的3点画出圆弧。

（10）扇形![icon]：从中心和两点绘制圆弧。

4.编辑

"编辑"工具栏是对模型进行编辑的一些常用工具。包括"移动"工具✛、"推／拉"工具◆、"旋转"工具🔄、"路径跟随"工具🌀、"缩放"工具▣和"偏移"工具🔧（图1-41）。

(1) 移动✛：移动、拉伸、复制和排列所选图元。

(2) 推／拉◆：推和拉平面图元形成三维模型。

(3) 旋转🔄：围绕某个轴旋转、拉伸、复制和排列所选图元。

(4) 路径跟随🌀：按所选平面路径跟随。

(5) 缩放▣：调整所选图元比例并对其进行缩放。

(6) 偏移🔧：偏移平面上的所选边线。

5.建筑施工

"建筑施工"工具栏主要是对模型进行测量以及标注的工具。包括"卷尺"工具🔍、"尺寸"工具✕、"量角器"工具🔶、"文字"工具📝、"轴"工具✱和"三维文字"工具▲（图1-42）。

(1) 卷尺🔍：测量距离，创建引导线、引导点，调整整个模型的比例。

(2) 尺寸✕：在任意两点间绘制尺寸线。

(3) 量角器🔶：测量角度并创建参考线。

(4) 文字📝：绘制文字标签。

(5) 轴✱：移动绘图轴或重新确定绘图轴方向。

(6) 三维文字▲：绘制三维文字。

6.相机

"相机"工具栏主要是对模型进行查看。包括"环绕观察"工具⬡、"平移"工具✋、"缩放"工具🔍、"缩放窗口"工具🔍、"充满视窗"工具✳、"上一个"工具🔍、"定位相机"工具👤、"绕轴旋转"工具👁和"漫游"工具👣（图1-43）。

(1) 环绕观察⬡：将相机视野环绕模型。

(2) 平移✋：垂直或水平平移相机。

(3) 缩放🔍：缩放相机视野。

(4) 缩放窗口🔍：缩放相机以显示选定窗口内的一切。

(5) 充满视窗✳：缩放相机视野以显示整个模型。

(6) 上一个🔍：撤销以返回上一个相机视野。

(7) 定位相机👤：按照具体的位置、视点高度和方向定位相机视野。

(8) 绕轴旋转👁：以固定点为中心转动相机视野。

(9) 漫游👣：以相机为视角漫游。

7.截面

"截面"工具栏中的工具可以控制全局剖面的显示和隐藏。包括"剖切面"工具⬦、"显示剖切面"工具🔲，"显示剖面切割"工具⬢和"显示剖面填充"工具⬢（图1-44）。

图1-41　编辑

图1-42　编辑

图1-43　相机

（1）剖切面 ：绘制剖切面以显示模型的内部细节。

（2）显示剖切面 ：打开和关闭剖切面。

（3）显示剖面切割 ：打开和关闭剖面切割。

（4）显示剖面填充 ：打开和关闭剖面填充。

8. 视图

"视图"工具栏主要是完成场景中几种常用视图的切换。包括"等轴"工具 、"俯视图"工具 、"前视图"工具 、"右视图"工具 、"后视图"工具 和"左视图"工具 （图1—45）。

（1）等轴 ：将相机移至模型的等轴视图。

（2）俯视图 ：将相机移至模型的俯视图。

（3）前视图 ：将相机移至模型的前视图。

（4）右视图 ：将相机移至模型的右视图。

（5）后视图 ：将相机移至模型的后视图。

（6）左视图 ：将相机移至模型的左视图。

图1—44 截面　　　　　图1—45 视图

9. 实体工具

"实体工具"可以在组与组之间进行并集、交集等布尔运算。包括"实体外壳"工具 、"相交"工具 、"联合"工具 、"减去"工具 、"剪辑"工具 和"拆分"工具 （图1—46）。

（1）实体外壳 ：将所有选定实体合并为一个实体并删除所有内部图元。

（2）相交 ：使所选的全部实体相交并仅将其交点保留在模型内。

（3）联合 ：将所有选定实体合并为一个实体并保留内部空隙。

（4）减去 ：从第二个实体减去第一个实体并仅将结果保留在模型中。

（5）剪辑 ：根据第二个实体剪辑第一个实体并将两者同时保留在模型中。

（6）拆分 ：使所选的全部实体相交并将所有结果保留在模型中。

10. 沙箱

"沙箱"工具栏主要是创建山地模型。包括"根据等高线创建"工具 、"根据网络创建"工具 、"曲面起伏"工具 、"曲面平整"工具 、"曲面投射"工具 、"添加细部"工具 和"对调角线"工具 （图1—47）。

11. 地点

地点工具栏包含三个工具，分别是"添加位置"工具 、"切换地形"工具 、"照片纹理"工具 （图1—48）。

图1—46 实体工具　　　　　图1—47 沙箱　　　　　图1—48 地点

（1）添加位置![icon]：向模型添加地理位置信息并收集附件的地理信息。

（2）切换地形![icon]：打开和关闭地形。

（3）照片纹理![icon]：向所选平面添加拍摄的纹理。

12. 高级镜头工具

高级镜头工具栏包含7个工具，分别是"使用真实的相机参数创建物理相机"工具![icon]、"仔细查看通过'创建相机'创建的相机"工具![icon]、"锁定／解锁当前相机"工具![icon]、"显示／隐藏使用'创建相机'创建的所有相机"工具![icon]、"显示／隐藏所有相机视锥线"工具![icon]、"显示／隐藏所有相机视锥线"工具![icon]、"清除纵横比栏并返回默认相机"工具![icon]（图1-49）。

13. 仓库

仓库工具栏包含4个工具，分别是"3D Warehouse"工具![icon]、"分享模型"工具![icon]、"分享组件"工具![icon]、"Extension Warehouse"工具![icon]（图1-50）。

（1）3D Warehouse ![icon]：打开3D Warehouse。

（2）分享模型![icon]：与3D Warehouse分享此模型。

（3）分享组件![icon]：与3D Warehouse分享所选组件。

（4）Extension Warehouse ![icon]：向SketchUp添加扩展程序。

14. 动态组件

动态组件工具栏包含三个工具，分别是"与动态组件互动"工具![icon]、"组件选项"工具![icon]、"组件属性"工具![icon]（图1-51）。

15. Trimble Connect

Trimble Connect工具栏包含5个工具，分别是"从Trimble Connect打开模型"![icon]、"打开Trimble Connect协作管理器"工具![icon]、"将模型发布至Trimble Connect"工具![icon]、"导入模型作为参考"工具![icon]和"在网页上打开Trimble Connect"工具![icon]（图1-52）。

图1-49 高级镜头工具

图1-50 仓库

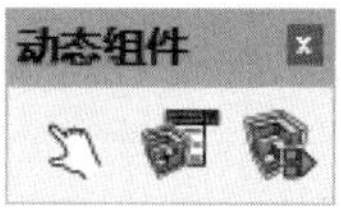

图1-51 动态组件

图1-52 动态组件

任务1.4 优化工作设置

■ 任务引入

在绘图前可以对模型信息进行设置，以便更快速、准确、便捷地完成后续建模、动画、渲染等工作。那么，如何进行模型信息设置呢？

■ 知识链接

1.4.1 设置模型信息

1. 设置尺寸标注样式

可对尺寸标注中的文字字体、字号、引线形式、尺寸形式等进行设置（图1-53）。

（a）设置尺寸标注样式　　　　　　（b）字体样式

图1-53　设置尺寸标注样式

2. 设置单位

可对长度单位、角度单位进行设置（图1-54）。

3. 设置文字标注样式

可对文字标注样式进行设置（图1-55）。

4. 设置动画场景转换与延迟参数

可对动画中场景转换、场景暂停进行设置（图1-56）。

图1-54　设置单位

（a）文本模型信息　　　　　　（b）字体设置

图1-55　设置文字标注样式

图1-56　设置动画场
景转换与暂停参数

1.4.2 设置硬件加速

1. 设置多级采样消除锯齿参数

对 OpenGL "多级采样消除锯齿"进行设置。如图 1-57a 所示,当"多级采样消除锯齿"为"0x"时,边线锯齿较大;如图 1-57b 所示,当"多级采样消除锯齿"为"32x"时,边线锯齿较小。

（a）多级采样消除锯齿 0x　　　　　（b）多级采样消除锯齿 32x

图 1-57 设置硬件加速

注:多级采样消除锯齿参数 8 与 32 在肉眼观察时并无很大区别。

2. 设置使用最大纹理尺寸

对 OpenGL "使用最大纹理尺寸"选择前后模型效果进行比较。如图 1-58a 所示,当"使用最大纹理尺寸"不勾选时,边界较为不清晰;如图 1-58b 所示,当"使用最大纹理尺寸"勾选时,边界清晰。

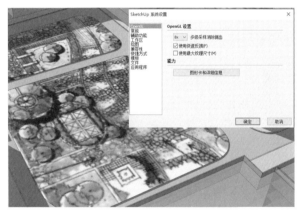

（a）"使用最大纹理尺寸"不勾选效果

（b）"使用最大纹理尺寸"勾选效果

图 1-58　设置使用最大纹理尺寸

1.4.3 快捷键设置

在"窗口"菜单中选择"参数设置",打开参数设置窗口,在左边的分项中选择"快捷方式",即可在右侧对命令快捷键进行设置。根据自己的使用习惯设置快捷键,可以提高工作效率(图1-59)。

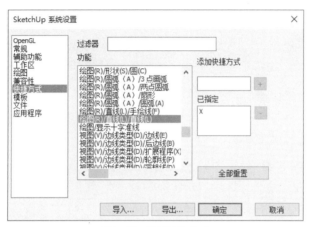

图1-59 设置快捷方式

1.4.4 设置视图控制与显示模式切换

1. 设置常用显示风格

在SketchUp2018中提供了很多显示风格,如木工样式、带框的染色边线等(图1-60)。不同的风格样式增加了多样的图形效果。

具体操作:界面右侧"默认面板"——"选择"——"预设风格"。

(a)预设风格设置

图1-60 设置显示风格样式

（b）木工样式

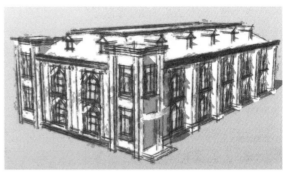
（c）带框的染色边线样式

（d）黑板上的粉笔样式

（e）混合风格

图1-60　设置显示风格样式（续）

2.边线设置

在SketchUp2018中提供了多种边线的显示类型（图1-61）。

具体操作：界面右侧"默认面板"——"编辑"——"边线设置"。

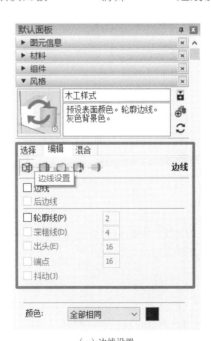
（a）边线设置

图1-61　边线设置

（b）无边线显示

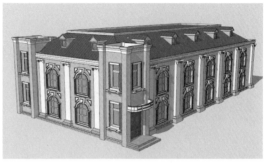
（c）有边线显示

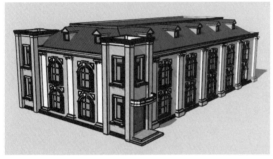
（d）有深粗线显示

（e）有出头显示

图1-61　边线设置（续）

注：以上边线设置参数可混合搭配使用，以用户个人制图习惯为主导。

3. 平面设置显示模式

在SketchUp2018中提供了多种平面设置显示模式（图1-62）。

具体操作：界面右侧"默认面板"———"编辑"———"平面设置"。

（a）平面设置

图1-62　平面设置

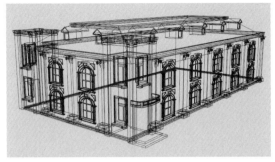

（b）线框模式显示

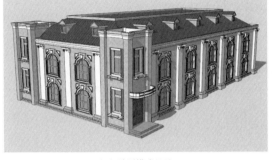

（d）贴图模式显示

（c）以消隐线模式显示

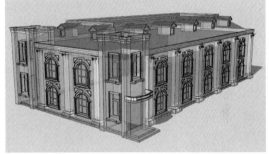

（e）X光透视模式显示

图1-62　平面设置（续）

2

项目二 SketchUp2018
主要类工具操作

  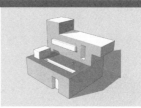 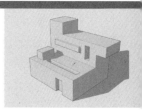

【项目描述】

SketchUp2018 主要类工具操作包括四部分，"选择工具"操作、"制作组件"操作、"材质工具"操作、"擦除工具"操作。它们是 SketchUp 建模前必须要掌握的基础操作命令。熟练的应用，将提高作图效率和准确率。

【项目目标】

1. 掌握并熟练应用多种选择工具的操作和方法，体会点、线、面、体的选择。
2. 能够利用组件命令对物体进行成组，并完成编辑。
3. 掌握并熟练应用颜色材质和贴图纹理材质的操作步骤和方法。
4. 能够利用擦除工具完成多余线、面的清除工作。

【项目要求】

1. 根据任务 2.1 要求，完成对"选择工具"操作的练习。
2. 根据任务 2.3 要求，完成对"材质工具"操作的练习。
3. 根据任务 2.2 要求，完成对"制作组件"操作的练习。
4. 根据任务 2.4 要求，完成对"擦除工具"操作的练习。
5. 带着以下问题开始本项目的学习，并完成以下题目：

（1）"选择工具"命令图标为＿＿＿＿＿，"材质工具"命令图标为＿＿＿＿＿，"擦除工具"命令图标为＿＿＿＿＿。

A. ▶   B. 🖐   C. 🎨   D. ▨

（2）＿＿＿＿＿鼠标左键可以选择物体表面和边线。

A. 单击   B. 双击   C. 三击   D. 四击

（3）关于正选描述正确的是＿＿＿＿＿。

A. 在屏幕右下方，按住鼠标左键不动将鼠标拖拽至屏幕左上方。

B. 在屏幕左上方，按住鼠标左键不动将鼠标拖拽至屏幕右下方。

C. 在屏幕右上方，按住鼠标左键不动将鼠标拖拽至屏幕左下方。

D. 在屏幕左下方，按住鼠标左键不动将鼠标拖拽至屏幕右上方。

（4）按住＿＿＿＿＿键可加选。

A. Ctrl   B. Shift   C. Alt   D. Esc

（5）哪一项不是"制作组件"命令的特点＿＿＿＿＿。

A. 可将编辑物体整体化，相对独立化。

B. 相互具有关联属性，提高重复制作修改效率。

C. 可多次完善，不断更新。

D. 不可实现批量载入替换。

（6）按"＿＿＿＿＿键"的同时按住鼠标"左键"，单击需要替换颜色的平面，即可替换相关联平面的颜色；按"_____键"的同时按住鼠标"左键"，可替换不相关联平面的颜色。

A．Ctrl   B．Shift   C．Alt   D．Esc

（7）"HLS"中H代表_____、L代表_____、S代表_____。

A．色相   B．纯度   C．亮度

（8）"单击鼠标右键"选择"纹理"命令下的"位置"子命令，拖拽___图钉，可改变纹理的大小及铺贴方向。

A．红色   B．蓝色   C．绿色   D．黄色

（9）_____是"擦除工具"命令不能够删除掉的。

A．直线   B．弧线   C．S面   D．边线

（10）_____键可以删除面。

A．空格   B．Delete   C．Esc   D．Backspace

任务 2.1　选择工具操作

■ 任务引入

如果评比 SketchUp2018 中哪个工具操作使用频率最高，一定是选择工具操作。在三维软件中，对物体的选择操作非常重要，是否能够灵活快速地选择物体将直接影响到建模速度与质量。那么，"选择工具"命令该如何应用呢？

本节的任务是掌握 SketchUp2018 "选择工具"命令的操作。

微视频提示：

可通过扫描二维码观看"选择工具"命令的讲解视频。

二维码 01

■ 知识链接

"选择工具" ▶ 命令是在所有编辑命令操作前必须要执行的命令。

"选择工具"命令根据操作不同分为两大类。第一类：单击、双击、三击鼠标左键。第二类：正选、反选、加选、减选。以多面体为例演示"选择工具"命令的应用。

1. 单击、双击、三击鼠标左键

（1）单击鼠标左键，可选择物体边线和表面（图 2-1）。

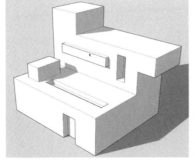

（a）选择物体边线

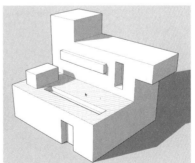

（b）选择物体表面

图 2-1　单击选择边线与表面

（2）双击鼠标左键，可同时选择封闭边线及其表面（图2-2）。

（3）三击鼠标左键，可同时选择相关联的封闭边线及其表面，即整个形体（图2-3）。

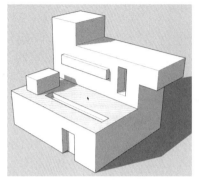

图2-2　双击选择边线及表面　　　　　　图2-3　三击选择整个物体

2. 正选、反选、加选、减选

（1）正选，在屏幕左上方按住鼠标左键不动将鼠标拖拽至屏幕右下方，松开鼠标左键。使线框完全包含的物体可以被选中（图2-4）。

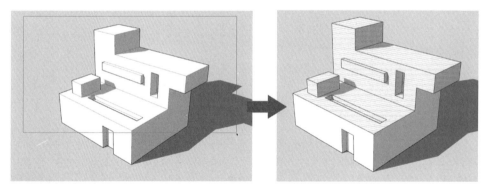

图2-4　正选

（2）反选，在屏幕右下方按住鼠标左键不动，将鼠标拖拽至屏幕左上方，松开鼠标左键。与反选范围虚线框相交的物体都可以被选中（图2-5）。

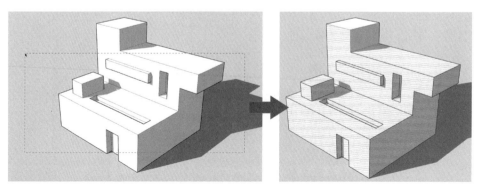

图2-5　反选

（3）加选，在使用选择命令时，按住 Ctrl 键不放单击或双击鼠标左键（光标变为 ▶＋），可选择不相关联的空间表面和边线。

（4）减选，在使用选择命令时，按住 Shift 键不放单击或双击鼠标左键（光标变为 ▶±），可消除多选或错选物体。

3. 取消选择

单击屏幕任意空白处即可取消所有物体的选择状态。

■ 任务实施

在 SketchUp2018 中绘制任意形体，然后分别应用"单击鼠标左键"、"双击鼠标左键"、"三击鼠标左键"、"正选"、"反选"、"加选"、"减选"、"取消选择"等命令，尝试对物体进行线、面、体的选择操作。体会各种不同"选择工具"命令的特点。

任务 2.2　材质工具操作

■ 任务引入

设计是灵魂，模型是身体，而材质就是外衣。没有人喜欢无灵魂的裸奔体，一件得体的外衣将修饰身体，升华灵魂。材质是任何建模软件都无法回避的重要内容，它可以赋予物体五彩斑斓的色彩、五花八门的材质纹理，让模型更贴近真实。

本节的任务是掌握 SketchUp2018"材质工具"操作命令。

■ 知识链接

"材质工具"命令工具按钮为 🎨。

按照材质表现不同分为颜色材质和贴图纹理材质。

以多面体为例，介绍"材质工具"命令中的颜色材质和贴图纹理材质具体的操作步骤。

1. 颜色材质

具体操作步骤：

Step1：选择"材质工具"命令 🎨，在色彩面板中选择颜色色块（图 2-6）。

Step2：在物体表面单击鼠标左键为平面赋予色彩，如图 2-7 所示。

在绘制过程中，常常会遇到替换材质、重新调节材质颜色等情况，下面对可能会遇到的材质调节问题进行说明。

（1）替换材质颜色

Step1：在指定色彩面板中，选择要替换的颜色。

Step2：按住 Ctrl 键同时按住鼠标左键，单击需要替换颜色的平面，即可替换相关联平面的颜色；按住 Shift 键同时按住鼠标左键，可替换不相关联平面的颜色。

（2）统一材质颜色

Step1：三击鼠标左键选择整个物体。

> **微视频提示：**
> 可通过扫描二维码观看"材质工具"命令的讲解视频。
>
>
>
> 二维码 02

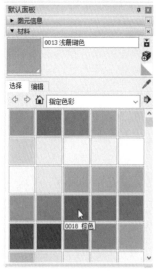

图 2-6　选择材质颜色

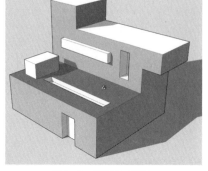

图 2-7　赋予材质颜色

Step2：选择或调节所需颜色。

Step3：在物体表面单击鼠标左键，即可将物体材质颜色统一（图 2-8）。

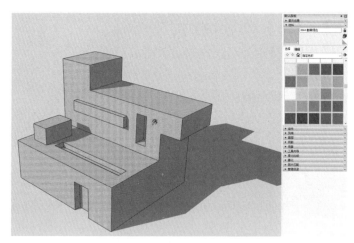

图 2-8　统一材质颜色

(3) 调节材质颜色

Step1：单击"材料命令面板"中的"样板颜料"命令 🖊（图 2-9）。

Step2：光标变成吸管状后，点击物体表面即可吸取物体已有颜色，（图 2-10）。

Step3：在"编辑"标签内，将"拾色器"选为"HLS"，调节"H、L、S"颜色数值，其中 H 代表色相、L 代表纯度、S 代表亮度，完成材质颜色调节（图 2-11）。

2. 贴图纹理材质

Step1：选择"材质工具"命令，将"材质类型"切换到指定材质（图 2-12）

Step2：单击物体表面为其赋予贴图纹理（图 2-13）。

图 2-9 样本颜料

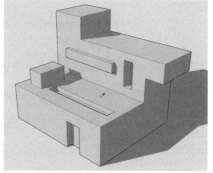

图 2-10 吸取当前材质颜色

图 2-11 设置拾色器

图 2-12 材质纹理类型

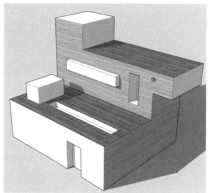

图 2-13 赋予物体材质纹理

系统中给定的材质纹理是不可更改的（图 2-14）。

为了选用更加丰富、多样的贴图纹理，可以给物体指定颜色，并在指定颜色后，选择"编辑"标签内的"添加贴图路径"，选择本地电脑中的贴图（图 2-15）。

但赋予贴图后，其纹理常常不符合现实情况或设计要求，需要修改贴图纹理大小，具体操作如下：

（1）输入数值修改贴图纹理

在"编辑"标签下输入"长"、"宽"数值，两者可关联（即更改其中一项数值另一项同比例变化）也可取消关联（图 2-16）。

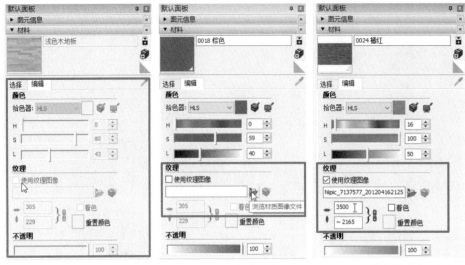

图2-14 默认材质不可更改贴图　　　图2-15 添加贴图路径　　　图2-16 调节材质贴图大小

（2）手动修改贴图纹理

Step1：使用"选择"命令，选择已赋予贴图但贴图规格或方向不符合要求的物体平面。单击鼠标右键选择"纹理"命令下的"位置"子命令（图2-17）。

Step2：拖拽绿色图钉，可改变纹理的大小及铺贴方向（图2-18）。

Step3：调整好后，单击鼠标右键选择"完成"结束调整（图2-19）。

Step4：单击"样本颜料"命令，在已经调整好纹理的表面单击鼠标左键选择纹理数据后，再点击其他平面即可赋予相同纹理材质。

（3）调节贴图颜色

"编辑"标签中，调节"H、L、S"，在纹理不变的情况下调节材质色彩（图2-20）。

■ 任务实施

在SketchUp2018中绘制多个任意形体，使用"材质工具"命令赋予物体颜色材质和贴图纹理材质。体会"材质工具"命令的特点。

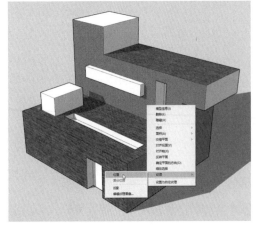

图2-17 右键纹理位置

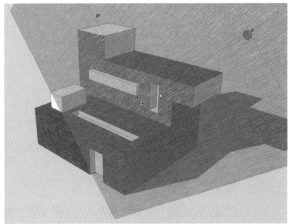

图2-18 拖拽绿色图钉

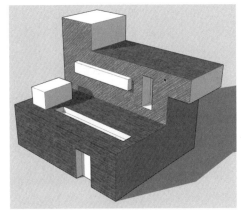

图 2-19　完成调节纹理尺寸大小

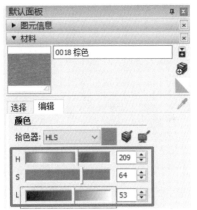

图 2-20　调节材质纹理颜色

任务 2.3　制作组件操作

■ 任务引入

在园林景观设计中常常会有很多造型相同的建筑小品、公共设施、植被等。如果能将相同物体打包成一体并使相互之间具有关联属性，在其中一个物体造型、颜色发生改变时，其他相同物体也跟随变化，将大大提高绘图效率。那么，在 SketchUp2018 中哪一个命令可以帮我们实现这一想法呢？

本节的任务是掌握 SketchUp2018 "制作组件"命令的操作。

■ 知识链接

"制作组件"命令是 SketchUp2018 的核心命令，是将一个或多个几何体的集合定义为一个单位，使之可以像一个物体那样操作。"制作组件"命令工具按钮为 。

"制作组件"命令具有四个显著的特点：

(1) 可将编辑物体整体化，相对独立化。

(2) 相互具有关联属性，提高重复制作修改效率。

(3) 可多次完善，不断更新。

(4) 可实现批量载入替换。

以多面体为例，讲解"制作组件"命令的具体操作步骤：

Step1：通过正选三击鼠标左键的方式选择要制作组件的物体。

Step2：使用"制作组件"命令，在弹出的对话框中点击"创建"完成物体组件的创建，如图 2-21 所示。

创建好的组件物体和非组件物体在外观上没有任何区别。可以通过选择命令加以区分。在物体上单击鼠标左键，可以选择平面或边线，即为非组件物体；单击鼠标左键可以选择整体，即为组件物体。

"制作组件"命令可将物体相对独立化、整体化，而多个组件物体就会凸显相互关联性。在组件物体上双击鼠标左键进入该组件并进

> **微视频提示：**
>
> 可通过扫描二维码观看"制作组件操作"命令的讲解视频。
>
>
>
> 二维码 03

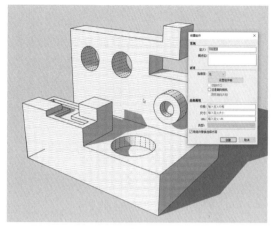
（a）使用组件命令

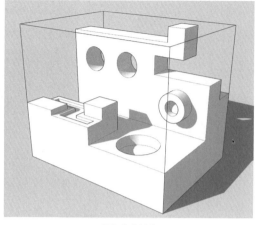
（b）完成创建

图 2-21　创建组件

行编辑，可以为物体赋予颜色、材质纹理，也可以修改物体造型。在编辑的过程中，修改其中一个，其余物体也会相应改变。组件的关联属性可以同时对多个物体进行更新与替换，便于快速绘制（图 2-22）。

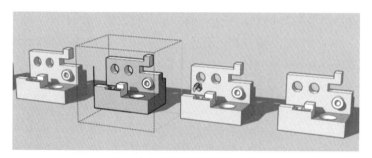
（a）赋予相同材质颜色

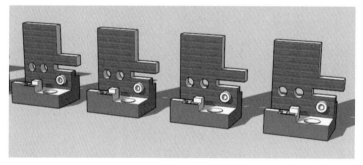
（b）完成相同组件调整

图 2-22　组件关联性

编辑结束后，在屏幕空白处单击鼠标左键或 Esc 键退出编辑。

■ 任务实施

在 SketchUp2018 中绘制任意形体，使用"制作组件"命令对物体进行组件操作。体会"制作组件"命令的特点。

任务 2.4　擦除工具操作

■ 任务引入

无论你是"老手"还是"菜鸟"，在绘制过程中，都会出现多余的线或面。那么，这些"不应该出现的"线与面该如何处理呢？

本节的任务是掌握 SketchUp2018"擦除工具"命令的操作。

■ 知识链接

"擦除工具"命令的工具按钮为 ⬜。该命令可擦除边线、辅助线。对物体表面不起任何擦除作用。

1. 擦除边线、辅助线

Step1：选择"擦除工具"命令 ⬜。

Step2：单击鼠标左键，点击多余的边线或辅助线即可擦除；按住鼠标左键不放可同时擦除多条线（图 2—23）。

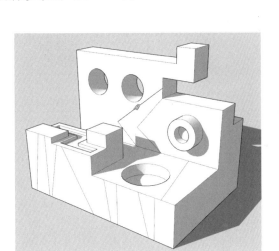

图 2—23　擦除边线

另外，可通过"Delete"键对已选择的边线、辅助线进行删除。

2. 删除物体表面

选择要删除的面，点击键盘中"Delete"键进行删除。

■ 任务实施

在 SketchUp2018 中绘制任意形体，使用"擦除工具"命令或"Delete"键尝试删除边线或面。体会"擦除工具"命令的特点。

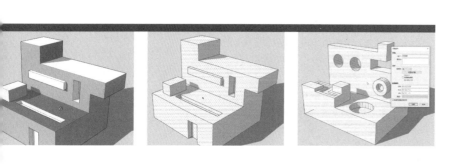

3

项目三　SketchUp2018
绘图类工具操作

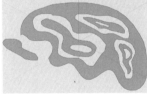
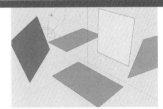

【项目描述】

SketchUp2018 绘图类工具操作包括六部分，"直线"工具操作、"手绘线"工具操作、"矩形和旋转矩形"工具操作、"圆和多边形"工具操作、"圆弧"工具操作、"扇形"工具操作。它们是 SketchUp 建模基础绘图操作命令。熟练的掌握与应用，将帮助初学者绘制各种不同类型的平面造型，感知绘图工具的乐趣，为三维建模做好基础准备工作。

【项目目标】

1. 熟练掌握直线工具，完成直线、平行线、平面、立体图形的绘制。
2. 掌握手绘线工具操作步骤及方法。
3. 掌握并熟练应用矩形和旋转矩形工具操作步骤和方法。
4. 掌握并熟练应用圆和多边形工具操作步骤和方法。
5. 利用三种类型圆弧工具完成不同类型圆弧操作。
6. 掌握并熟练应用扇形工具操作步骤和方法。

【项目要求】

1. 根据任务 3.1 要求，完成对"直线"工具操作的练习。
2. 根据任务 3.2 要求，完成对"手绘线"工具操作的练习。
3. 根据任务 3.3 要求，完成对"矩形和旋转矩形"工具操作的练习。
4. 根据任务 3.4 要求，完成对"圆和多边形"工具操作的练习。
5. 根据任务 3.5 要求，完成对"圆弧"工具操作的练习。
6. 根据任务 3.6 要求，完成对"扇形"工具操作的练习。
7. 带着以下问题开始本项目的学习，并完成以下题目：

(1)"直线"工具命令图标为_____，"扇形"工具命令图标为_____。

A. 　　　　B. 　　　　C. 　　　　D.

(2)"直线"命令与其他同类建模软件相比显著的特点描述错误的是_____。

A. 两直线相交，不可相互自动分割。

B. 同一平面重复直线，长直线被短直线分割。

C. 绘制重复多条相同长度直线，可自动覆盖。

D. 可自动平行坐标轴，捕捉端点、中点等特殊位置点。

(3) SketchUp2018 绘图空间由 X 轴、Y 轴、Z 轴三维坐标系统构成。按照惯例_____代表 X 轴、_____代表 Y 轴、_____代表 Z 轴。

　　A. 红色　　　　　　B. 黄色　　　　　　C. 蓝色　　　　　　D. 绿色

(4) 三个坐标轴相交的点即为世界坐标 0 点，也是通常建模时的起始点。X 轴和 Y 轴构成了_____面系统；X 轴和 Z 轴、Y 轴和 Z 轴构成了_____系统。

　　A. 水平面　　　　　B. 正面　　　　　　C. 侧面　　　　　　D. 立面

(5) 当需要绘制与坐标轴平行的直线时，需要鼠标按住_____键可锁定轴方向，如果以红色显示，意味着绘制的线段是与_____轴平行。

A.Ctrl、X   B.Shift、X   C.Alt、Y   D.Esc、Y

(6) 键盘中的_____键可切换内接、外切多边形绘制方式。

A.Ctrl   B.Shift   C.Alt   D.Esc

(7) "起点终点画弧" 工具的图标是_____。

A.   B.   C.   D.

任务 3.1   直线工具操作

■ 任务引入

在草图纸上绘制设计方案时，图形的勾勒往往是通过各种长短不一的直线来表达的。那么如果用 SketchUp2018 绘图，它的 "直线" 命令是什么呢？该如何操作呢？

本节的任务是掌握 SketchUp2018 "直线" 命令的操作。

■ 知识链接

"直线" ✏ 是绘图类工具中的第一个命令，也是 SketchUp 绘图元素最基本的图元之一。

SketchUp "直线" 命令与其他同类建模软件相比有四个非常显著的特点：

(1) 两直线相交，可相互自动分割。

(2) 同一平面重复直线，长直线被短直线分割。

(3) 绘制重复的多条相同长度直线，可自动覆盖。

(4) 可自动平行坐标轴,捕捉端点、中点等特殊位置点（图 3-1）。

在建模前，首先要了解 SketchUp2018 建模环境的坐标系统。SketchUp2018 绘图空间由 X 轴、Y 轴、Z 轴三维坐标系统构成。按照惯例用红色代表 X 轴、绿色代表 Y 轴、蓝色代表 Z 轴。坐标轴的实线部分代表正方向，虚线部分代表负方向。三个坐标轴相交的点即为

微视频提示：

可通过扫描二维码观看 "直线工具" 命令的讲解视频。

二维码 05

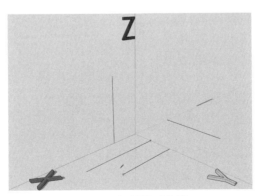

图 3-1   自动平行坐标轴

世界坐标 0 点，也是通常建模时的起始点。X 轴和 Y 轴构成了水平面系统；X 轴和 Z 轴、Y 轴和 Z 轴构成了立面系统。

"直线"命令的具体操作步骤：

1. 绘制任意位置直线

Step1：选择"直线"命令✐。

Step2：在绘图区内单击鼠标左键，确定线段开始的位置，拖动鼠标给出绘图方向。

Step3：线段结束的位置可以通过数值输入来确定。如果需要绘制一个长度 1000mm 的线段，在 [数值控制区] 中输入长度 1000，按 Enter 键即可完成长度为 1000mm 的线段绘制。

Step4：绘制完成后，将从当前线段的终点连接处出现延长线，可继续绘制下一条线段。结束命令点击键盘"Esc"键。

2. 绘制平行线

（1）平行于坐标轴的直线

Step1：选择"直线"命令✐。

Step2：在绘图区内单击鼠标左键，拖动鼠标按住 Shift 键可锁定轴向方向，如果以红色显示，意味着绘制的线段是与红色的 X 轴平行。绘制时出现绿色和蓝色线，说明此时绘制的线段是与 Y 轴和 Z 轴平行（图 3-2）。

（2）相互平行的直线

Step1：选择"直线"命令✐。

Step2：捕捉已有直线端点，点击鼠标左键确定起始点。

Step3：拖动鼠标给出绘图方向，将光标移动到已有直线末端点，这时距离已经被锁定，点击鼠标左键绘制完成（图 3-3）。

如绘制的线段为黑色，则说明该线段不平行于任何一个坐标轴。如绘制与此线段平行的直线，将呈紫色显示。

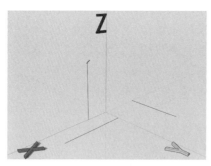 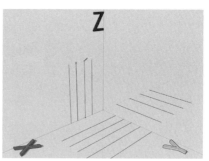

图 3-2　平行于坐标轴的直线　　　　　图 3-3　相互平行直线

3. 绘制平面

平面可通过"矩形"工具创建，但"直线"命令也可完成面的绘制。如试做边长为 5000mm 的正方形，操作步骤如下：

Step1：选择"直线"命令✐。

Step2：在绘图区点击鼠标左键并给出直线方向（X 轴方向），在 [长度数值控制区] 输入 5000，按 Enter 键确认（图 3-4a）。

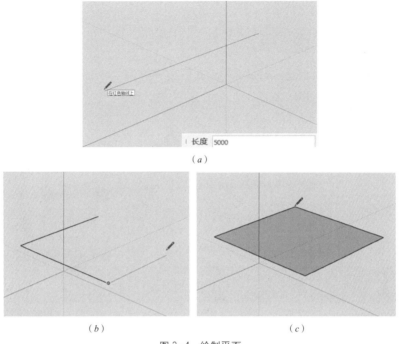

（a）

（b）   （c）

图3-4 绘制平面

Step3：延长线继续给出另外一个绘图方向（Y轴方向）且与已做完线段成垂直状态，在 [数值控制区] 输入直线长度 5000，按 Enter 键确认。以此方法完成正方形的第三边（图 3-4*b*）。

Step4：绘制最后一条边，直接点击第一条线段的起始点闭合正方形，如图 3-4*c* 所示。

4. 绘制立体图形

在已完成的 5000×5000 正方形基础上，完成正方体的绘制。

Step1：选择"直线"命令 ✎。

Step2：点击正方形其中一角点，并给出绘图方向（Z轴方向），在 [长度数值控制区] 输入 5000，按 Enter 键确认。或者在不输入数值的情况下，鼠标拖拽到一定距离时会出现上一次数值（即 5000）（图 3-5*a*）。

Step3：延长线继续给出另外一个绘图方向（X轴或Y轴方向），可拖拽鼠标寻找捕捉端点，按 Enter 键确认。以同样方式完成正方体其余各面（图 3-5*b*）。

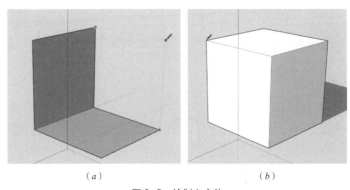

（a）   （b）

图3-5 绘制立方体

■ 任务实施

利用 SketchUp2018 "直线" 命令完成如图 3-6 所示的图形。

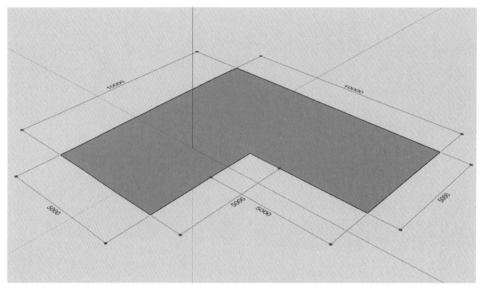

图 3-6　直线练习

任务 3.2　手绘线工具操作

■ 任务引入

在实际的绘图中，图形线并非只有直线，还有一些不规则且看似比较随意的图线，如树木、蜿蜒的小路等外观轮廓线。那么，这些不规则的线应该如何绘制呢？

本节的任务是掌握 SketchUp2018 "手绘线" 命令的操作。

■ 知识链接

"手绘线" 命令的工具按钮 。

SketchUp2018 "手绘线" 命令特点：

（1）可绘制自由曲线（图 3-7）。

（2）可绘制非直线边界造型（图 3-8）。

在本教材中 "手绘线" 命令主要用于绘制地形、地貌、等高线、微地形、乔木、灌木、花卉等。

"手绘线" 命令的具体操作步骤：

Step1：选择 "手绘线" 命令 。

Step2：在绘图区内单击鼠标左键不放，同时拖拽鼠标给出绘图方向（图 3-9a）。

Step3：光标回到起点时，抬起鼠标左键，即可得到一个封闭的自由曲线（图 3-9b）。

微视频提示：

可通过扫描二维码观看 "手绘线工具" 命令的讲解视频。

二维码 06

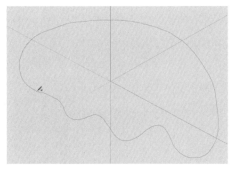

图 3-7　绘制自由曲线

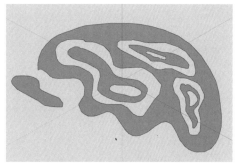

图 3-8　绘制非直线边界造型

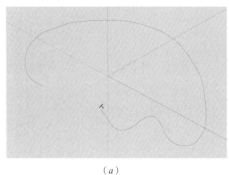

（a）

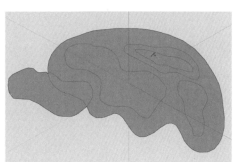

（b）

图 3-9　手绘线命令操作

■ 任务实施

利用 SketchUp2018 "手绘线"命令完成以下图形（图 3-10）。

图 3-10　手绘线练习

任务 3.3　矩形和旋转矩形工具操作

■ 任务引入

矩形作为基础图形应用十分广泛，如楼地板、墙面等都可用矩形命令完成模型创建工作。在 SketchUp2018 中还有一个命令为 "旋转矩形"，那么两者有何不同？

本节的任务是掌握 SketchUp2018 "矩形"和 "旋转矩形"命令的操作。

■ 知识链接

3.3.1 矩形工具操作

"矩形"命令的工具按钮 ◼。

SketchUp2018"矩形"命令特点：

(1) 绘制可调节边长的四边形。

(2) 按住键盘上的 Ctrl 键可切换端点、中心点绘制方式。

1. "矩形"命令的具体操作步骤

Step1：选择"矩形"命令 ◼。

Step2：在绘图区内单击鼠标左键,同时拖拽鼠标给出绘图方向(图3-11a)。

Step3：单击鼠标左键完成绘制（图3-11b）。

Step4：在不切换其他命令的前提下，在[尺寸数值输入]框输入矩形的长度和宽度尺寸。切记两数值用逗号","隔开，如绘制12000×5000的矩形，[数字控制区]输入尺寸"12000，5000"，按Enter键结束命令。

微视频提示：

可通过扫描二维码观看"矩形和旋转矩形工具"命令的讲解视频。

二维码07

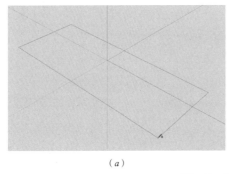

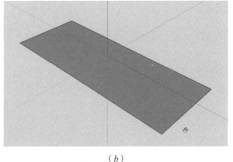

（a） （b）

图 3-11 矩形命令操作

2. 黄金分割矩形的绘制步骤

Step1：选择"矩形"命令 ◼。

Step2：在绘图区内绘制矩形，出现对角线为虚线并显示"黄金分割"时，按住键盘中 Shift 键不放，锁定绘图方向，即可得到黄金分割矩形（图3-12）。

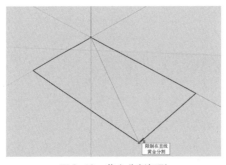

图 3-12 黄金分割矩形

3. 正方形的绘制步骤

Step1：选择"矩形"命令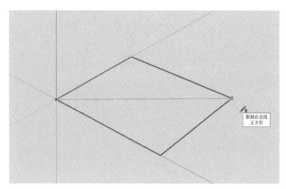。

Step2：在绘图区内绘制矩形，出现对角线为虚线并显示"正方形"时，按住键盘中 Shift 键不放，锁定绘图方向，即可得到正方形，如图 3-13 所示。

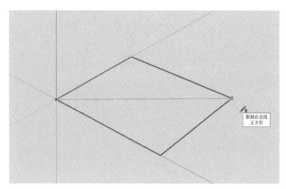

图 3-13　绘制正方形

3.3.2　旋转矩形工具操作

"旋转矩形"命令的工具按钮。

SketchUp2018"旋转矩形"命令特点：可绘制任意空间角度平面，也可作为参考平面。

"旋转矩形"命令的具体操作步骤：

Step1：选择"旋转矩形"命令。

Step2：单击鼠标左键给出单边长度，可通过 [数值控制区] 输入单边长度。以同种方式画出相邻边，完成旋转矩形绘制（图 3-14）。

在使用"旋转矩形"命令时，可按住 Shift 键不放，矩形边即可平行于各轴。

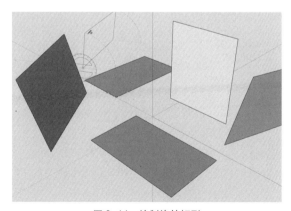

图 3-14　绘制旋转矩形

■ 任务实施

利用 SketchUp2018"矩形"命令和"旋转矩形"命令完成如图 3-15 所示的图形。

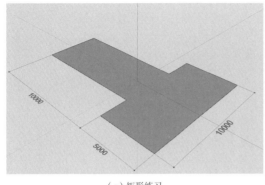
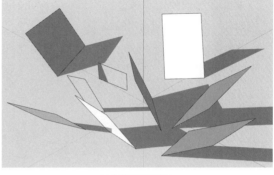

（a）矩形练习　　　　　　　　　　　　　（b）旋转矩形练习

图3-15 矩形和旋转矩形练习

任务3.4　圆和多边形工具操作

■ 任务引入

日常生活中的物品并非都是方方正正的，如图3-16所示。带有圆形和多边形元素的形体应该如何绘制呢？

图3-16　建筑与景观

本节的任务是掌握SketchUp2018"圆"和"多边形"工具命令的操作。

■ 知识链接

3.4.1　圆工具操作

"圆"命令的工具按钮 ⊘。

SketchUp2018"圆"命令特点：可控制圆的段数。段数决定圆滑程度。

1. "圆"命令的具体操作步骤

Step1：选择"圆"命令 ⊘。

Step2：在绘图区内单击鼠标左键，确定圆心位置，拖拽鼠标左键，给出圆形半径，单击鼠标左键完成绘制（图3-17）。

微视频提示：

可通过扫描二维码观看"圆和多边形工具"的讲解视频。

二维码08

2. 修改圆的半径和边数

方法一：使用"圆"命令工具绘制圆，在此命令未结束的状态下，可在[数值控制区]重新定义半径和段数数值。当绘制大型场景时，圆的段数应大于50；绘制小型物体时，圆的段数可在15左右。

方法二：点击圆形边界，选择"图元信息"，可修改圆的半径和段，点击Enter键完成（图3-18）。

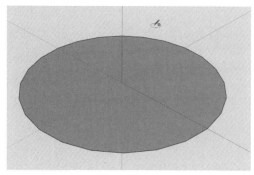 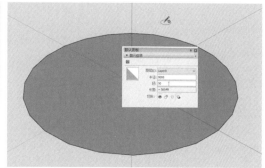

图 3-17　绘制圆　　　　　　　　　图 3-18　修改圆的半径和段

3.4.2　多边形工具操作

"多边形"命令的工具按钮 。

SketchUp2018"多边形"命令特点：

（1）可控制多边形边数。

（2）按键盘中的Ctrl键可切换内接、外切多边形绘制方式。

1."多边形"命令的具体操作步骤

Step1：选择"多边形"命令 。

Step2：在绘图区内单击鼠标左键，确定多边形中心位置，拖拽鼠标，给出多边形半径，单击鼠标左键完成绘制（图3-19）。

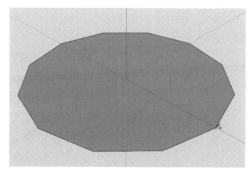

图 3-19　绘制多边形

2.修改多边形的半径和边数

方法一：点击"多边形"命令工具，在[数值控制区]输入"边数"，点击Enter键即可完成修改，然后绘制多边形。多边形绘制好后，在[数值控制区]输入"内切圆半径"，完成对半径的更改。

图 3-20　修改多边形

方法二：点击多边形边界，选择″图元信息″，可修改多边形的半径和段（图 3-20）。

■ 任务实施

利用 SketchUp2018″圆″命令和″多边形″命令完成如图 3-21 所示的图形。

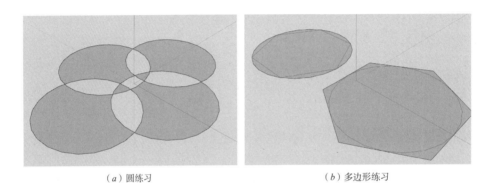

（a）圆练习　　　　　　　　　　　　（b）多边形练习

图 3-21　圆和多边形练习

任务 3.5　圆弧工具操作

■ 任务引入

圆弧形是园林景观设计中的常见元素，它优美的弧度和曲线为环境增添了柔性的美（图 3-22）。

图 3-22　圆弧台阶

本节的任务是掌握 SketchUp2018 "圆弧"、"起点终点画弧" 和 "3点画弧" 工具命令的操作。

微视频提示：

可通过扫描二维码观看"圆弧"命令的讲解视频。

二维码 09

■ 知识链接

"圆弧"命令在 SketchUp2018 中包含三种，即 "圆弧（从中心和两点绘制圆弧）" ⟋、"起点终点画弧" ⟋ 和 "3 点画弧" ⟋。

1. "圆弧（从中心和两点绘制圆弧）"命令

具体操作步骤：

Step1：选择 "圆弧（从中心和两点绘制圆弧）" 命令 ⟋，默认边数为 12，可以增加或减少来调整圆弧的边数。

Step2：确定圆弧的段数后，在绘图区单击鼠标左键，确定圆弧的圆心（图 3-23a）。

Step3：拖拽鼠标或输入数值确定圆弧的半径，点击鼠标左键确定圆弧的起始点，完成绘制（图 3-23b）。

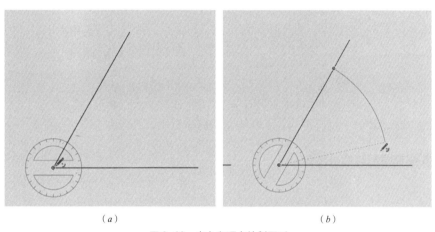

（a） （b）

图 3-23 中心和两点绘制圆弧

2. "起点终点画弧" 命令

具体操作步骤：

Step1：选择 "起点终点画弧" 命令 ⟋，默认段数为 12。

Step2：确定圆弧的段数后，在已知线段上单击鼠标左键，拖拽鼠标至另一线段处并出现粉红色小点，双击左键，得到与两直线相切的圆弧（图 3-24）。

3. "3 点画弧" 命令

具体操作步骤：

Step1：选择 "3 点画弧" 命令 ⟋，默认段数为 12。

Step2：确定圆弧的段数后，在绘图区三个不同位置单击鼠标即可完成一个圆弧的绘制（图 3-25）。

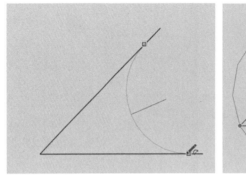
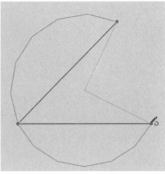

图 3-24　起点终点画弧　　　　　　　　图 3-25　3 点画弧

■ 任务实施

利用 SketchUp2018 "圆弧" 命令完成如图 3-26 所示的图形。

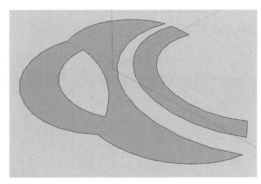

图 3-26　圆弧练习

任务 3.6　扇形工具操作

■ 任务引入

一条圆弧和经过这条圆弧两端的两条半径所围成的图形叫扇形,是圆的一部分(图 3-27)。那么,SketchUp2018 中扇形如何绘制呢?

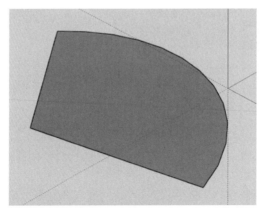

图 3-27　扇形

本节我们的任务是掌握 SketchUp2018 "扇形" 工具命令的操作。

■ 知识链接

"扇形" 命令的工具按钮▱。

"扇形" 命令的具体操作步骤：

Step1：选择 "扇形" 命令▱，默认段数为 12。

Step2：确定圆弧的段数后，在绘图区单击鼠标左键，拖拽鼠标或输入数值确定扇形半径（图 3–28a）。

Step3：拖拽鼠标在绘图区任意位置点击鼠标左键，确定扇形的角度；也可通过 [数值控制区] 键入角度，确定扇形（图 3–28b）。

与 "圆弧" 命令工具相比，"扇形" 工具可以在绘制弧线的同时，得到一个封闭的扇形平面。

微视频提示：

可通过扫描二维码观看 "扇形" 命令的讲解视频。

二维码 10

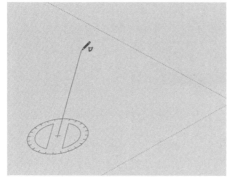

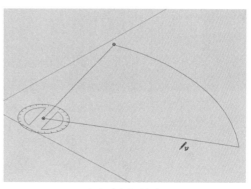

（a）确定圆弧半径　　　　　　（b）确定扇形角度

图 3–28　扇形的画法

■ 任务实施

利用 SketchUp2018 "扇形" 命令完成如图 3–29 所示的图形。

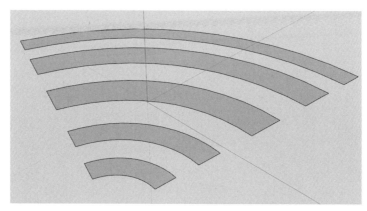

图 3–29　扇形练习

4

项目四　SketchUp2018
编辑类工具操作

【项目描述】

SketchUp2018 编辑类工具操作包括六部分，"移动"工具操作、"推拉"工具操作、"旋转"工具操作、"路径跟随"工具操作、"缩放"工具操作、"偏移"工具操作。它们是 SketchUp 建模基础编辑操作命令。通过本项目的学习，可完成较为复杂形体的绘制工作。

【项目目标】

1. 熟练应用"移动"工具，掌握移动、复制、阵列等操作步骤与方法。
2. 掌握并熟练应用"推拉"工具操作步骤和方法。
3. 掌握"旋转"、"旋转复制"、"多重旋转复制"、"平均等分旋转复制"的操作。
4. 掌握"路径跟随"工具，完成物体放样、车削等操作。
5. 掌握"缩放"工具操作步骤和方法。
6. 掌握并熟练应用"偏移"工具操作步骤和方法。

【项目要求】

1. 根据任务 4.1 要求，完成对"移动"工具操作的练习。
2. 根据任务 4.2 要求，完成对"推拉"工具操作的练习。
3. 根据任务 4.3 要求，完成对"旋转"工具操作的练习。
4. 根据任务 4.4 要求，完成对"路径跟随"工具操作的练习。
5. 根据任务 4.5 要求，完成对"缩放"工具操作的练习。
6. 根据任务 4.6 要求，完成对"偏移"工具操作的练习。
7. 带着以下问题开始本项目的学习，并完成以下题目：

(1) "移动"工具命令图标为_____，"推拉"工具命令图标为_____。

A. 　　　　B. 　　　　C. 　　　　D.

(2)_____命令可以完成阵列。

A. 移动　　　　B. 推拉　　　　C. 缩放　　　　D. 偏移

(3) 如想在已有两个物体间等距放置 3 个物体，需在［数值控制区］中输入_____或直接在键盘输入_____。

A. 3/　　　　B. /3　　　　C. 4/　　　　D. /4

(4) 以下对"推拉"工具特点描述错误的是_____。

A. 可将封闭平面任意或精确拉伸，实现由面成体

B. 可捕捉其他形体拖拉，实现数值对齐

C. 将形体上平面推至与其相互平行的平面重合时，不可自动消除形成洞口

D. 此命令对于曲面、球面不起任何作用

(5) 使用旋转命令，提示为蓝色时，旋转轴为蓝轴，意味着可以将水平面作为参照平面进行旋转。当旋转命令提示为黑色，意味着以_____为参照面进行旋转。

A．水平面   B．正立面   C．侧立面   D．当前所选平面

（6）按住键盘上的_____键可实现旋转复制、多重旋转复制和平均等分旋转复制。

A．Ctrl   B．Shift   C．Alt   D．Esc

（7）如果需要在 360°内完成 10 等分,需要在 [数值控制区] 输入_____,按回车键结束。

A．10/   B．/10   C．9/   D．/9

（8）如果等比例缩放物体,需要在比例缩放框中选择_____控制点。

A ✤   B 🖼   C 🐟   D 🐟

（9）"偏移"工具的图标是_____,如果使轮廓向外偏移 20,[数值控制区] 应为_____。

A．🖼, −20   B．🔶, −20   C．🔄, 20   D．🐟, 20

任务 4.1   移动工具操作

■ 任务引入

在 SketchUp 建模中,会遇到很多造型相同的物体。为了提高作图效率,往往需要对物体进行复制、阵列等操作,并对位置进行适当的移动,以求效果的完美。

本节的任务是掌握 SketchUp2018 "移动"命令的操作。

微视频提示：

可通过扫描二维码观看"移动工具"命令的讲解视频。

二维码 11

■ 知识链接

"移动"命令的工具按钮✤。

"移动"命令工具特点：

（1）可完成对物体任意或精确空间位置的位移。

（2）可实现物体上端点、线段位移。

（3）按 Ctrl 键实现对物体的复制。

（4）可实现多重复制和等分平均复制。

1. 移动命令

具体操作步骤：

Step1：选择"移动"命令✤。

Step2：在物体上选择适当的插入点,单击鼠标左键并拖动鼠标。确定移动位置,单击左键结束,可平行于轴线移动,也可任意移动（图 4-1）。

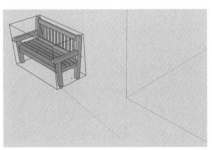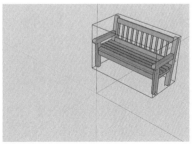

图 4-1   移动操作

"移动"命令不仅可以在平面上完成物体的位移，也可以在立面上完成位移。

"移动"命令还可以对物体上的端点和边线进行位移，以改变物体的外形。

2. 复制命令

SketchUp2018中没有单独的复制命令，移动命令兼顾复制功能。

Step1：选择物体，使用移动命令✛。

Step2：单击Ctrl键进入复制，在形体上选择适当的插入点。

Step3：点击并拖动鼠标左键给出复制的方向，在目的地处，单击鼠标左键，完成对物体的复制。或在右下角 [数值控制区] 中输入距离，按Enter键结束（图4-2）。

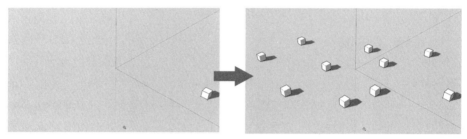

图4-2 复制物体

当复制完成后，只要不切换命令，均可继续修改数值。

3. 多重复制

Step1：选择物体，使用移动命令✛。单击Ctrl键进入复制命令。

Step2：在形体上选择适当的插入点。点击并拖动鼠标左键给出复制的距离和方向。如复制六个物体，需在 [数值控制区] 中输入"6X"，即可复制等距的六个相同物体（图4-3）。

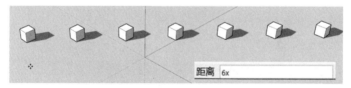

图4-3 等距多重复制

4. 等分复制

Step1：选择物体，使用移动命令✛。单击Ctrl键进入复制命令。

Step2：在物体上选择适当的插入点。点击并拖动鼠标左键给出复制的距离和方向。如在已有两个物体间等距放置3个物体，需在 [数值控制区] 中输入"4/"（图4-4）。

5. 阵列

SketchUp2018中没有阵列命令，"移动"命令兼顾阵列功能。

6×6的平面阵列操作如下：

Step1：选择物体，使用移动命令✛（图4-5a）。单击Ctrl键进入复制命令。

Step2：在形体上选择适当的插入点。点击并拖动鼠标左键给出复制的距离和方向。在 [数值控制区] 中输入"5X"，完成六个相同物体的复制（图4-5b）。

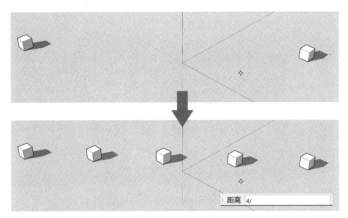

图 4-4　等分多重复制

Step3：选择六个物体，使用移动命令✛。将六个物体向另一方向复制，[数值控制区]中输入"5X"，完成 6×6 阵列（图 4-5c）。

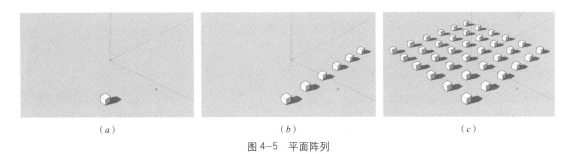

（a）　　　　　　　　（b）　　　　　　　　（c）

图 4-5　平面阵列

■ 任务实施

利用 SketchUp2018"移动"命令完成 7 的立方的阵列。

任务 4.2　推／拉工具操作

■ 任务引入

如图 4-6 所示，建筑形体并非只有方正的盒子，在其表面做凹凸处理可以提升建筑物的形式美，并为室内空间增加更多的可塑性。而对于较为复杂的、具有凹凸造型的形体，可通过 SketchUp2018 编辑类工具中的"推／拉"命令完成。

■ 知识链接：

"推／拉"命令的工具按钮◆。

SketchUp2018"推／拉"命令特点及操作：

1. 可将封闭平面任意或精确拉伸，实现由面成体

具体操作步骤：

Step1：选择封闭平面，使用"推／拉"命令◆。

微视频提示：

　　可通过扫描二维码观看"推／拉工具"命令的讲解视频。

二维码 12

图 4-6　建筑效果

Step2：在封闭平面上的任意位置单击鼠标左键，同时拖动鼠标，给出拉伸方向并确定拉伸高度。如有明确高度数值，需要在[数值控制区]输入距离，按 Enter 键结束（图 4-7）。

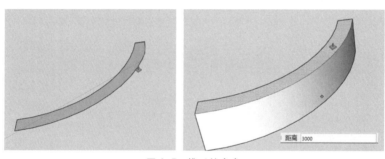

图 4-7　推 / 拉命令

2. 可捕捉其他形体拖 / 拉数值，实现数值对齐

使长方体通过"推 / 拉"命令与圆柱体高度方向平齐，具体操作如下：

Step1：选择长方体顶面，使用"推 / 拉"工具 ⬆️。

Step2：单击鼠标左键，将光标对准被对齐圆柱体的顶面，单击鼠标左键，完成对齐（图 4-8）。

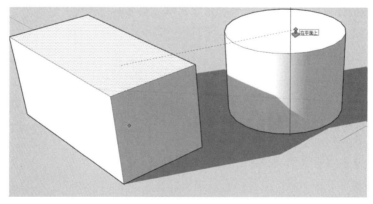

图 4-8　对齐推拉

3. 可在形体平面上任意编辑

在长方体的表面上绘制多个任意平面，具体操作如下：

Step1：使用绘图类工具在长方体表面绘制任意平面（图4-9a）。

Step2：使用"推／拉"工具 ，对已绘制的封闭平面进行推拉编辑（图4-9b）。

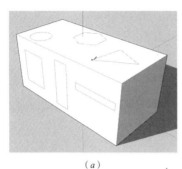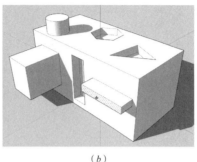

（a）　　　　　　　　　　　　（b）

图4-9　编辑形体

4. 将形体上封闭平面推至与其相互平行平面重合时，可自动消除形成洞口

具体操作步骤：

Step1：使用绘图类工具在长方体表面（正面）绘制任意封闭平面（图4-10a）。

Step2：使用"推／拉"工具 ，在已绘制的封闭平面内点击鼠标左键并拖动鼠标，将封闭平面拖动至与其长方体表面（背面）重合时，单击鼠标左键，完成洞口绘制（图4-10b）。

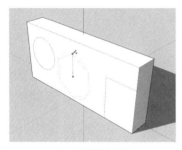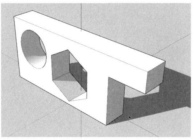

（a）绘制封闭平面　　　　　　　　　　　　（b）推／拉形成洞口

图4-10　推／拉形成洞口

5. 双击鼠标左键可完成相同数值推拉

具体操作步骤：

Step1：选择长方形平面，使用"推／拉"工具 ，给定高度数值，将其编辑为长方体（图4-11a）。

Step2：在未结束当前"推／拉"命令时，鼠标左键双击其他平面，将其他平面编辑为与长方体等高的立体图形（图4-11b）。

6. 按 Ctrl 键实现多次相同数值推／拉

以多层住宅建筑的基底平面示意图为例，具体操作如下：

Step1：选择基底平面，使用"推／拉"工具 ，给定高度后单击鼠标左键，将其编辑为立体图形（图4-12a）。

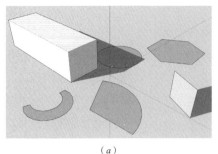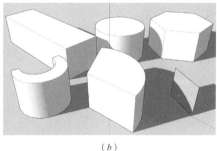

（a）　　　　　　　　　　　　　（b）

图 4-11　推／拉相同数值

Step2: 在未结束当前"推／拉"命令时,按键盘 Ctrl 键一次,并在建筑顶面处单击鼠标左键,继续给定相同数值的推／拉操作（图 4-12b）。

Step3: 在完成前两个步骤操作后,按住键盘 Ctrl 键不放,使光标变为 ♨时,双击建筑顶面,每双击一次即可增加相同拉伸高度,并完成多次相同数值的推拉（图 4-12c）。

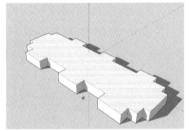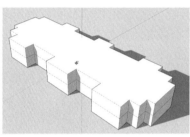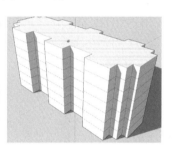

（a）推／拉基地平面　　　　　（b）推／拉建筑至二层　　　　　（c）推／拉建筑至顶层

图 4-12　多次相同数值推／拉

7. 此命令对于曲面、球面不起任何作用

■ 任务实施

利用 SketchUp2018"推／拉"命令完成如图 4-13 所示的图形。

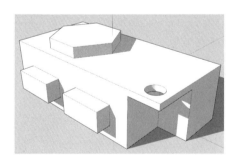

图 4-13　推／拉命令练习

任务 4.3　旋转工具操作

■ 任务引入

如图 4-14 所示, 石桌、石凳常常出现在中式风格的园林景观中, 既为游客提供小憩之地,

图 4-14　石凳

也点缀了周边环境。如果用 SketchUp2018 建模，可以先完成一个石凳的制作，通过复制命令创建其余石凳。但复制的模型朝向一致。那么，如何旋转模型朝向使其摆放得更为自然呢？

本节的任务是掌握 SketchUp2018 "旋转"命令的操作

微视频提示：

可通过扫描二维码观看"旋转工具"命令的讲解视频。

二维码 13

■ 知识链接

"旋转"命令的工具按钮⟳。

SketchUp2018 "旋转"命令特点：

1. 可对物体在任意空间平面，按任意或特定角度旋转

具体操作步骤：

Step1：选择组件，使用"旋转"命令⟳。

Step2：在组件上确定旋转中心或旋转平面。确定旋转中心后，单击鼠标左键，拖拽鼠标，给出旋转半径（图 4-15a）。

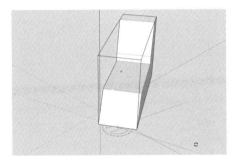

（a）确定旋转中心或平面

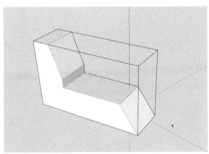

（b）确定旋转角度

图 4-15　旋转操作

Step3：单击鼠标左键并拖拽鼠标确定旋转角度，单击鼠标左键结束命令（图 4-15b）。

如需要明确具体旋转角度，可在 [数值控制区] 内输入角度值，按回车键结束命令。在未结束旋转命令前提下，可通过更改 [数值控制区] 角度值，对旋转角度进行修改。

注意：使用旋转命令，提示为蓝色时，旋转轴为蓝轴，意味着可以将水平面作为参照平面进行旋转。同理，旋转命令提示为绿／红色时，旋转轴为绿／红轴，意味着可以将立面作为参照平面进行旋转。当旋转命令提示为黑色，意味着以当前所选平面为参照面进行旋转。

2. 按住键盘上的 Ctrl 键可实现旋转复制、多重旋转复制和平均等分旋转复制

（1）旋转复制和多重旋转复制

具体操作步骤：

Step1：选择需要复制的组件，使用"旋转"命令 ⟳。

Step2：在绘图区内单击鼠标左键，确定旋转中心，拖拽鼠标给出旋转半径（图 4-16a）。

Step3：单击 Ctrl 键，拖动鼠标或输入数值确定旋转角度，单击鼠标左键，完成旋转复制。此时，可在 [数值控制区] 内输入需要复制组件的数量，完成多重旋转复制（图 4-16b）。

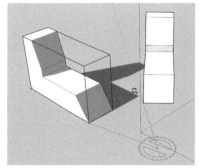

（a）给出旋转半径　　　　　　（b）旋转多重复制

图 4-16　旋转复制和多重旋转复制

（2）平均等分多重复制

具体操作步骤：

Step1 和 **Step2** 同上。

Step3：单击 Ctrl 键，拖动鼠标，在 [数值控制区] 输入角度 360°，按 Enter 键。

Step4：如果需要在 360° 内完成 8 等分，需要在 [数值输入区] 输入 "8/"，按 Enter 键结束。在不切换当前命令的情况下，可更改等分数量。注意在确定最终等分效果后，需要删除最后一个组件，因为最后一个组件在复制时与第一个组件重合在一起（图 4-17）。

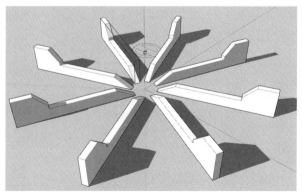

图 4-17　旋转等分复制

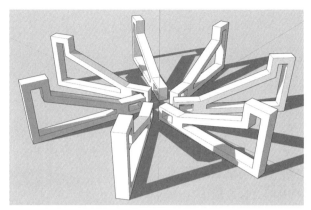

图 4-18 旋转命令练习

■ **任务实施**

利用 SketchUp2018 "旋转" 命令完成如图 4-18 所示的图形。

任务 4.4 路径跟随工具操作

■ **任务引入**

欧式的装饰线因其繁复多样的造型，深受人们喜爱（图 4-19）。那么，如此复杂的形体如何绘制呢？

图 4-19 欧式喷泉

本节的任务是掌握 SketchUp2018 "路径跟随" 工具命令的操作

■ **知识链接**

"路径跟随" 命令的工具按钮 。

SketchUp2018 "路径跟随" 命令特点：

（1）可将闭合截面沿边线扫掠，形成实体造型。

（2）多用于放样、旋转车削等形体绘制。

1.非封闭边线的放样物体

具体操作步骤：

Step1：在绘图区中绘制非封闭路径（图4-20a）。

Step2：在非封闭路径末端，绘制与之相垂直的放样截面（图4-20b）。

Step3：选择放样路径，点击"路径跟随"命令 移动到放样截面，单击鼠标左键即可完成实体放样（图4-20c）。也可以通过先选择截面再选择路径的形式完成放样工作。

Step4：使用"路径跟随"命令 ，单击鼠标左键选择放样截面，沿路径进行扫掠，到达终点点击鼠标左键结束命令操作（图4-21）。

2.封闭边线的放样物体

具体操作步骤：

Step1：在绘图区中绘制封闭路径（图4-22a）。

微视频提示：

可通过扫描二维码观看"路径跟随工具"命令的讲解视频。

二维码14

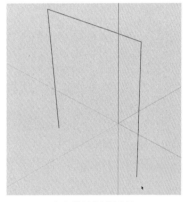 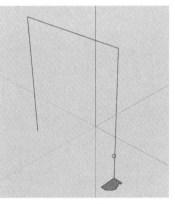 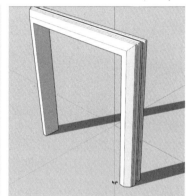

（a）绘制非封闭路径　　　　　（b）绘制截面　　　　　（c）完成放样

图4-20　路径跟随实体放样

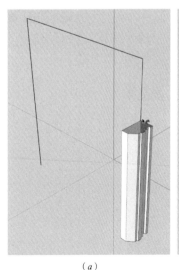 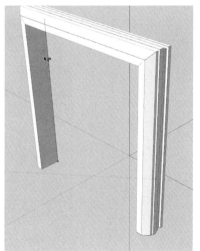

（a）　　　　　　　　　（b）　　　　　　　　　（c）

图4-21　沿路径扫掠

Step2：在封闭路径上，绘制与之相垂直的放样截面（图4-22b）。

Step3：选择封闭路径，点击"路径跟随"命令 移动到放样截面，单击鼠标左键即可完成放样实体（图4-22c）。

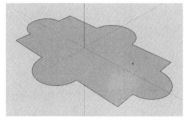 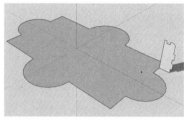 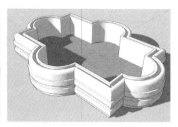

（a）绘制封闭路径　　　　　　　　（b）绘制截面　　　　　　　　（c）放样实体

图4-22　封闭边线的放样物体

3. 旋转车削物体

具体操作步骤：

Step1：在绘图区中绘制放样底面（图4-23a）。

Step2：在与底面垂直的方向，绘制车削的半个截面（图4-23b）。

Step3：选择放样底面，点击"路径跟随"命令 ，再选择半个截面单击鼠标左键即可完成车削实体（图4-23c）。

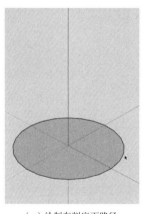 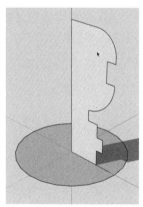 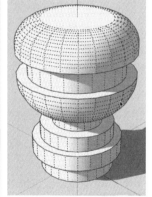

（a）绘制车削底面路径　　　　　　（b）绘制车削截面　　　　　　　（c）完成车削

图4-23　旋转车削物体

■ **任务实施**

利用SketchUp2018"路径跟随"命令完成如图4-24所示的图形。

任务4.5　缩放工具操作

■ **任务引入**

形状一样，但大小不同的形体，该如何绘制呢？

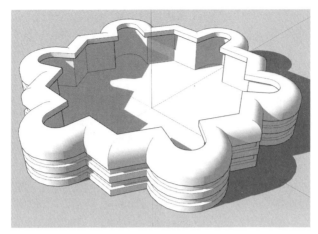

图 4-24　路径跟随命令练习

本节我们的任务是掌握 SketchUp2018 "缩放" 工具命令的操作

■ 知识链接

"缩放" 命令![]快捷键为 S。

SketchUp2018 "缩放" 命令特点：

1. 可通过调节控制点和输入数值对物体进行缩放

具体操作步骤：

Step1：选择组件，使用"缩放"命令![]，组件外生成比例缩放框。

Step2：鼠标左键单击比例缩放框中四个控制角点中的一个，并进行拖拽，即可完成等比例缩放（图 4-25a）。

鼠标左键单击比例缩放框中间控制点，并沿相关轴进行拖拽，完成单轴缩放（图 4-25b）。

鼠标左键单击比例缩放框边线控制中点，可同时沿两个轴进行缩放（图 4-25c）。

2. 可对物体实现镜像

具体操作步骤：

Step1：选择组件，使用"缩放"命令![]，组件外生成比例缩放框，如图 4-26a 所示。

Step2：按住键盘 Ctrl 键，将鼠标移至比例缩放框中间控制点，单击鼠标左键，拖动鼠标，给出缩放方向。再次单击鼠标左键并同时抬起 Ctrl 键，即可完成对物体的镜像，如图 4-26b 所示。

微视频提示：

可通过扫描二维码观看"缩放"命令的讲解视频。

二维码 15

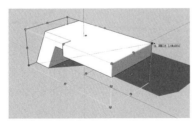

（a）等比例缩放

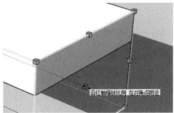

（b）单轴缩放

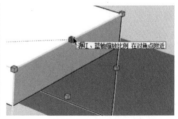

（c）双轴缩放

图 4-25　调节控制点和输入数值对物体进行缩放

如果想得到实际的镜像值，需要在 [数值控制区] 输入沿轴缩放比例 "-1"，按 Enter 键结束命令，如图 4-26c 所示。

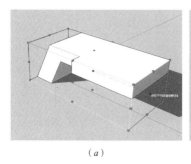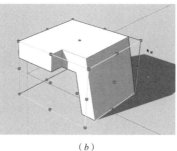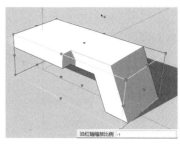

（a）　　　　　　　　　　（b）　　　　　　　　　　（c）

图 4-26　物体镜像

■ 任务实施

完成如图 4-27 所示图形的操作。

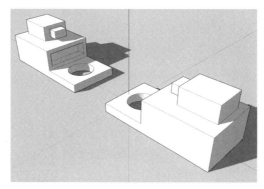

图 4-27　缩放命令练习

任务 4.6　偏移工具操作

■ 任务引入

从里到外、从外向内，很多形体在建模时都会用到偏移工具完成轮廓边界、宽度等绘制工作。

■ 知识链接

"偏移"工具命令 。

SketchUp2018 "偏移"命令特点：

1. 可完成两条以上边线和封闭平面轮廓的偏移

具体操作步骤：

Step1：选择封闭平面，使用"偏移"命令，在封闭平面边界上点击鼠标左键，可向内或向外进行偏移，也可在 [数值控制区] 输入偏移距离，按 Enter 键结束（图 4-28a）。

微视频提示：

可通过扫描二维码观看"偏移"命令的讲解视频。

二维码 16

Step2：使用之前学习的"推／拉"命令 ，完成立体边界制作（图4-28b）。

2.多用于物体平行轮廓的再次编辑，如镜框、门框、水池边界等

只要将偏移量控制在最小交叉点内，即可完成多次偏移操作（图4-29）。

■ 任务实施

利用SketchUp2018"偏移"命令完成如图4-30所示的图形。

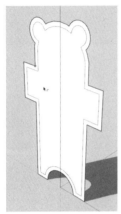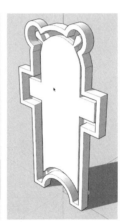

（a）偏移边界　　　　　　（b）推／拉成体　　　图4-29　多次偏移

图4-28　偏移工具的使用

图4-30　偏移命令练习

5

项目五　SketchUp2018
建筑施工类工具操作

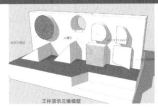

【项目描述】

SketchUp2018建筑施工类工具操作包括六部分，"卷尺"工具操作、"量角器"工具操作、"尺寸"工具操作、"文字"工具操作、"三维文字"工具操作、"轴"工具操作。利用这些命令可以完成形体测量、标注、辅助线绘制、文字输入与编辑、立体文字设置和轴的重新设置等工作。

【项目目标】

1. 掌握"卷尺"工具操作步骤和方法。
2. 掌握"量角器"工具操作步骤和方法。
3. 掌握并熟练应用"尺寸"工具，完成线性标注、直径、半径的标注。
4. 掌握"文字"工具操作步骤和方法。
5. 掌握并熟练应用"三维文字"工具操作步骤和方法。
6. 掌握"轴"工具的使用条件及方法。

【项目要求】

1. 根据任务5.1要求，完成对"卷尺"工具操作的练习。
2. 根据任务5.2要求，完成对"量角器"工具操作的练习。
3. 根据任务5.3要求，完成对"尺寸"工具操作的练习。
4. 根据任务5.4要求，完成对"文字"工具操作的练习。
5. 根据任务5.5要求，完成对"三维文字"工具操作的练习。
6. 根据任务5.6要求，完成对"轴"工具操作的练习。
7. 带着以下问题开始本项目的学习，并完成以下题目：

(1) "卷尺"工具命令图标为_____，"尺寸"工具命令图标为_____。

A. ![图标]   B. ![图标]   C. ![图标]   D. ![图标]

(2) 如何修改尺寸样式："_____"菜单——"模型信息"——"尺寸"。

A. 编辑   B. 绘图   C. 工具   D. 窗口

(3) 利用"卷尺"工具需要平均等分复制6条辅助线，需要在"[数值控制区]"中输入_____

A. 6/   B. /6   C. 6X   D. X6

(4) 以下对"卷尺"工具特点描述错误的是_____。

A. 具备真实卷尺工具的所有特性，可用于物体尺寸测量和物体间距离的测量

B. 具备辅助线精确定位的作用

C. 卷尺工具的辅助线可以被复制，但无法做到等分复制

D. 辅助线可删除

(5) 以下对"量角器"工具描述错误的是_____。

A. 可以测量形体角度

B. 可以定位精确角度

C. 无法生成辅助线

D. 可以生成辅助线并可实现多重复制

(6) 修改文字标注内容的方法：选择"文字"工具命令，在需要修改的文字上_____。

A. 按住 Ctrl 键并单击需要修改的文字　　　　B. 双击鼠标左键

C. 按住 Shift 键并单击需要修改的文字　　　　D. 双击鼠标右键

任务 5.1　卷尺工具操作

■ 任务引入

卷尺可以帮助我们测量距离，从而达到精准施工的目的，如图 5-1 所示。但在 SketchUp2018 中，它除具有测量功能外，还具有绘制辅助线等功能。那么，"卷尺"工具是如何使用的呢？在什么情况下需要使用辅助线，到底能辅助完成什么样的形体呢？

图 5-1　卷尺

本节的任务是掌握 SketchUp2018"卷尺"工具命令的操作。

■ 知识链接

"卷尺"命令的工具按钮 。

"卷尺"命令工具特点：

1. 具备真实卷尺工具的所有特性，即可用于物体尺寸测量和物体间距离的测量

具体操作步骤：

Step1：选择"卷尺"命令 。

Step2：在形体的边线上单击鼠标左键，拖拽鼠标至另一端边线。此时，在屏幕或在[数值控制区]显示测量尺寸数值（图 5-2）。单击鼠标左键完成测量。

微视频提示：

可通过扫描二维码观看"卷尺工具"命令的讲解视频。

二维码 17

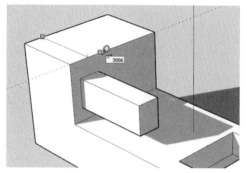
图 5-2　卷尺测量

Step3：Esc 键退出当前测量，可开始新的测量。

2. 具备辅助线精确定位的作用

具体操作步骤：

方法一：

Step1：选择"卷尺"命令 。

Step2：在形体的端点处单击鼠标左键，拖拽鼠标给出测量距离和定位方向。在 [数值控制区] 输入长度值，按 Enter 键结束命令。此时形体出现了一个新的定位点（图 5-3）。

我们可以利用新增定位点的方法，通过编辑命令对形体进行二次编辑（图 5-4）。

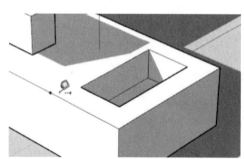
图 5-3　新增定位点

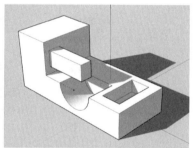
图 5-4　利用定位点

方法二：

Step1：选择"卷尺"命令 。

Step2：在形体的边线上单击鼠标左键，拖拽鼠标给出测量距离和定位方向。在 [数值控制区] 输入长度值，按 Enter 键结束命令，此时在形体表面出现了一个定位线。定位线的距离可以在不切换当前命令的情况下进行多次修改。

Step3：确定定位线后，利用编辑工具，编辑形体。

3. 卷尺工具的辅助线可以被复制，同时也可以进行多重复制、等分复制、旋转复制

（1）多重复制辅助线

Step1：选择"卷尺"命令，在形体的边界上，双击鼠标左键，就可出现一条辅助线。

Step2：选择该辅助线，使用"移动"命令，点击键盘上的 Ctrl 键，拖拽鼠标左键，给出复制方向，可以得到带有精确间距的辅助区间，单击鼠标左键完成复制。

也可以完成辅助线的多重复制，在不切换当前命令的前提下，在 [数值控制区] 输入 "NX"
完成多重复制。如 "6X"，这样就得到了 6 个相同间距的辅助线（图 5-5）。

（2）平均等分复制辅助线

Step1：选择辅助线。

Step2：选择 "移动" 命令，单击 Ctrl 键，单击鼠标左键，将复制出来的辅助线移动到形体
的另一端。

Step3：单击鼠标左键确定复制距离后，此时不要更换命令，在 [数值控制区] 输入 "N/"
完成等分复制。如 "6/"，即完成 6 等分（图 5-6）。

复制等分的个数可以在不更改当前命令的前提下，直接在键盘上输入新的等分值进行修改。

用 "直线" 命令在辅助线上绘制封闭的平面，再利用 "拖拉" 等编辑命令，完成较为复杂
形体的绘制。

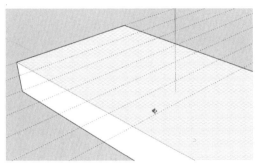

图 5-5　多重复制定位线

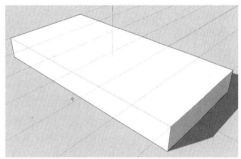

图 5-6　多重复制定位线

（3）旋转复制辅助线

Step1：选择辅助线。

Step2：使用 "旋转" 命令，点击 Ctrl 键，单击鼠标左键，拖动鼠标给出旋转角度，单击鼠
标左键完成复制。

Step3：在不切换当前命令的前提下，可完成多重复制和平均等分复制（图 5-7）。

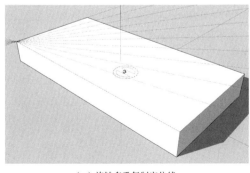

（a）旋转多重复制定位线

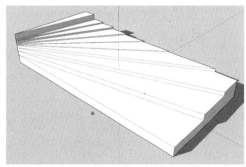

（b）编辑定位线

图 5-7　旋转复制辅助线

4.删除辅助线

使用"擦除" 命令，按住鼠标左键，可擦除多条辅助线。

■ 任务实施

利用 SketchUp2018 "卷尺"命令完成如图 5-8 所示形体的创建。

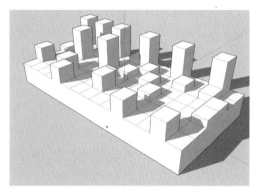

图 5-8　卷尺工具练习

任务 5.2　量角器工具操作

■ 任务引入

卷尺可以测量距离，那么角度该如何测量呢？在现实生活中，我们可以利用量角器完成，如图 5-9 所示。SketchUp2018 同样也具有量角器的功能。

■ 知识链接

"量角器"命令的工具按钮 。

SketchUp2018 "量角器"命令特点及操作：

"量角器"命令用于对形体进行角度测量。也可在多个空间平面中，用辅助线的形式，对角度进行精确定位。

1.测量角度

Step1：使用"量角器"命令 。

微视频提示：

可通过扫描二维码观看"量角器工具"命令的讲解视频。

二维码 18

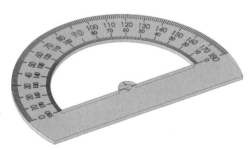

图 5-9　量角器

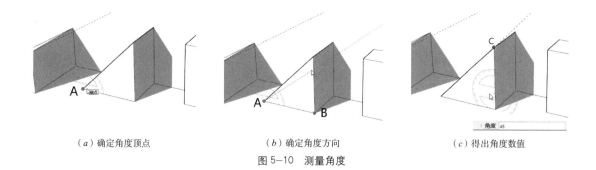

（a）确定角度顶点　　　　　　　　（b）确定角度方向　　　　　　　　（c）得出角度数值

图 5-10　测量角度

Step2：将光标移动到物体角度端点 A 上，单击鼠标左键（图 5-10a）。

Step3：拖拽鼠标至角度一端，单击鼠标左键，拖动鼠标给出角度方向（图 5-10b）。

Step4：找到角度另一端点，单击鼠标左键完成测量。[数值控制区]中显示当前角度数值（图 5-10c）。

2.定位角度

Step1：使用"量角器"工具。

Step2：在物体上单击鼠标左键，确定角度端点，拖拽鼠标在物体边线上单击鼠标左键，确定角度的起始点。

Step3：角度的终点可通过拖动鼠标或在[数值控制区]输入角度确定。如角度为 60°，可在[数值控制区]输入"60"，按 Enter 键结束。角度可以在不更改当前命令的前提下多次更改。

■ 任务实施：

利用 SketchUp2018"量角器"命令完成如图 5-11 所示的图形。

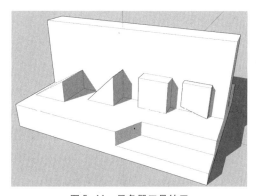

图 5-11　量角器工具练习

任务5.3　尺寸工具操作

■ 任务引入

除了画出建筑物及其各部分的形状外，还必须准确地、详尽地、清晰地标注尺寸，以确定其大小，作为施工的依据。SketchUp2018具备尺寸标注的功能。不但可以对平面图形进行标注，也可以对立体图形进行精确标注。

微视频提示：

可通过扫描二维码观看"尺寸工具"命令的讲解视频。

二维码19

■ **知识链接**

"尺寸"命令的工具按钮✕。

1. 线性标注

具体操作步骤：

Step1：使用"尺寸"命令✕。

Step2：在物体的端点处单击鼠标左键，拖拽鼠标，给出尺寸标注方向（图5-12a）。

Step3：在物体另外一个端点处单击鼠标左键，并拖拽鼠标给出尺寸界限的长度，单击鼠标左键完成标注（图5-12b）。

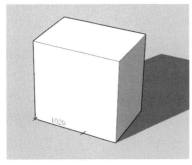

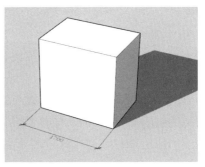

（a）确定标注方向　　　　　　　（b）完成标注

图5-12　线性标注

在不结束命令的条件下，可进行连续标注，并且标注具有自动对齐功能。

2. 半径、直径标注

在SketchUp2018中，可以直接标出圆形物体的半径、直径。

Step1：使用"尺寸"命令✕。

Step2：在圆形物体的边界上单击鼠标左键，拖拽鼠标将数值放置在相应位置，单击鼠标左键完成标注（图5-13）。

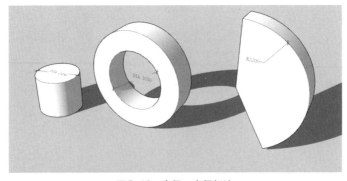

图5-13　半径、直径标注

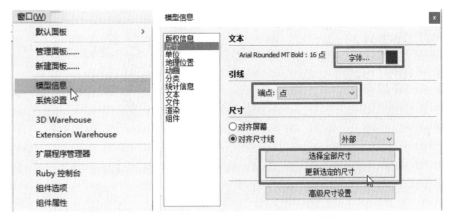

（a）窗口 - 模型信息　　　　　　　　　　　（b）修改尺寸参数修改

图 5-14　修改尺寸样式

3. 修改尺寸样式

具体操作步骤：通过"窗口"菜单——"模型信息"——"尺寸"进行修改（图 5-14）

■ **任务实施**

按照图 5-15 所示，完成图形的临摹，并标注尺寸。

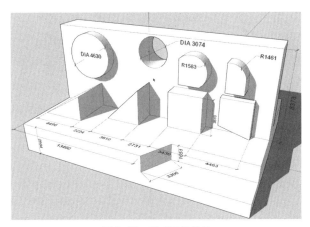

图 5-15　尺寸工具练习

任务 5.4　文字工具操作

■ **任务引入**

文字工具可以为我们的设计提供更直观、更方便的文字表达，是工程图中不可缺少的重要部分（图 5-16）。

本节的任务是掌握 SketchUp2018 "文字"工具命令的操作。

■ **知识链接**

"文字"命令的工具按钮。

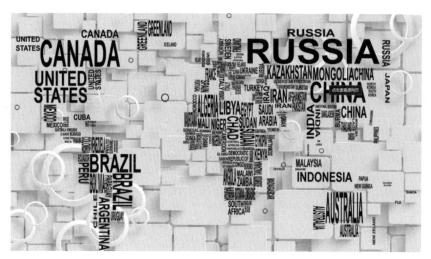

图 5-16 文字

1. 文字、数字的输入

具体操作步骤：

Step1：点击〝文字〞工具按钮，在物体表面上单击鼠标左键，拖拽鼠标，确定文字标记的方向。

Step2：单击鼠标左键，此时可以输入英文字母、汉字和数字。如果不需修改当前数字，那么，当前数字所显示的是该平面的面积，在空白处单击鼠标左键完成文字标注。

2. 修改当前标注文字的位置

具体操作步骤：

Step1：在〝文字〞工具命令下，单击鼠标左键选择当前标注的文字。

Step2：这时可以修改当前文字标注的位置，单击鼠标左键结束修改。

3. 修改文字标注的具体内容

具体操作步骤：

Step1：选择〝文字〞工具命令，在需要修改的文字上，双击鼠标左键。

Step2：在键盘上输入文字或数字进行修改。

Step3：修改完毕后，在空白处单击鼠标左键，完成修改。

4. 注解的表达

具体操作步骤：选择〝文字〞工具命令，在形体外的绘图区中，输入对图形的注解。

5. 修改屏幕文字样式、引线样式和引线文字样式

具体操作步骤：可以通过〝窗口〞菜单——〝模型信息〞——〝文本〞进行修改，如图 5-17 所示。

■ **任务实施**

完成图 5-18 的绘制，并根据参考图片完成对应文字注释。

> **微视频提示：**
>
> 可通过扫描二维码观看〝文字工具〞命令的讲解视频。
>
> 二维码 20

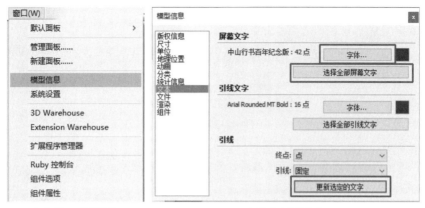

（a）窗口 – 模型信息 （b）文本参数修改

图 5-17 文本修改

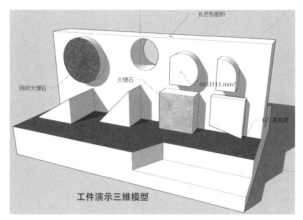

图 5-18 文字工具练习

任务 5.5 三维文字工具操作

■ 任务引入

"三维文字"相比上一任务中的"文字"多了立体效果和可多样编辑的可能性，为工程图增添了艺术气息（图 5-19）。可利用"三维文字"命令完成建筑中立体文字的创建。

图 5-19 三维文字

■ **知识链接**

"三维文字"命令的工具按钮🪧。

可在绘图区中，绘制出多种语言文字和数字的三维立体文字。

具体操作步骤：

Step1：使用"三维文字"命令🪧，弹出对话框（图5-20a）。

Step2：在对话框中输入文字或数字内容，可修改字体、对齐方式、字体高度等。

Step3：确定好编辑内容后，选择放置。在屏幕中即可显示三维立体的实体文字图形，单击鼠标左键确定文字（图5-20b）。

可利用"缩放"等编辑命令对文字进行编辑（图5-20c）。

■ **任务实施**

在 SketchUp2018 的绘图区中，创建一个三维文字标识。要求：至少使用两种"编辑"命令工具。

微视频提示：

可通过扫描二维码观看"三维文字工具"命令的讲解视频。

二维码 21

（a）放置三维文本

（b）放置三维文字

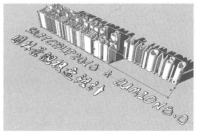
（c）调整三维文字

图 5-20　三维文字工具操作

任务5.6　轴工具操作

■ **任务引入**

以模型的某一空间平面或直线作为基础，对整个模型的坐标轴进行重新设置。这在我们实际的建模工作中，有着非常重要的意义。

本节的任务是掌握 SketchUp2018"轴"工具命令的操作。

■ **知识链接**

"轴"工具命令按钮🪧。

多面体的某一平面处于空间位置（即不平行也不垂直于任何默认坐标轴），要绘制出与这个空间位置平面或边线相垂直的形体，在默认坐标系下是无法实现的。需要利用该空间位置平面作为基础，通过重新设置坐标系，来进行创建。

微视频提示：

可通过扫描二维码观看"轴工具"命令的讲解视频。

二维码 22

1. 新建坐标系统

具体操作步骤：

Step1：点击 "轴" 命令按钮 ✳。

Step2：将光标移动至空间位置平面的端点 A 处，单击鼠标左键，拖拽鼠标至另一端点 B 所在直线的任意位置，三击鼠标左键，即得到以此空间平面为基础的新坐标系统（图 5-21*a*）。并在此基础之上，进行多次编辑（图 5-21*b*）。

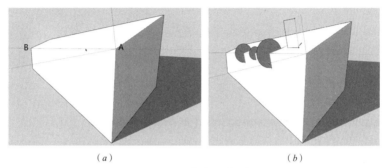

（*a*）　　　　　　　　　（*b*）

图 5-21　重新定义轴坐标

2. 恢复默认坐标系统

绘制好形体后，如想恢复到默认的坐标系统，这里将快捷键设置为 "Shift+Y"（"Shift+Y" 是根据编者使用习惯而设置，学习者可根据情况自行设置其他快捷键，也可应用 SketchUp2018 默认快捷键，具体快捷键设置请参考项目一中 1.4.3 部分）。

3. 默认坐标系统与新建坐标系统比较

已知两直线的空间位置既不平行也不垂直于任何默认坐标轴，接下来将通过 "路径跟随" 命令进行不同坐标系统的比较。

默认坐标轴下，在其中一条直线上绘制出一个半径为 200 的圆。将另外一条空间位置直线，重新设置坐标轴后，在与之相垂直的坐标轴上绘制半径为 200 的圆。

恢复到默认的坐标轴状态下，使用 "路径跟随" 命令后，可以看到坐标轴重设前、后两形体的区别（图 5-22）。

隐藏／显示坐标轴的开关设置为快捷键：Shift+X。

■ 任务实施

利用 SketchUp2018 "轴" 命令完成如图 5-23 所示的图形。

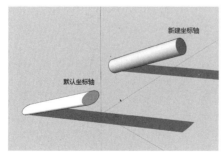

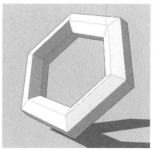

图 5-22　默认与重建坐标轴对比　　　图 5-23　轴工具练习

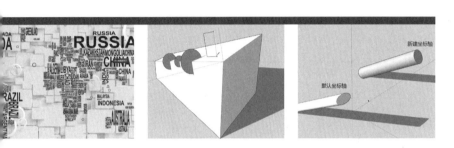

6

项目六　SketchUp2018
相机类工具操作

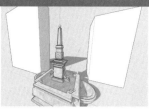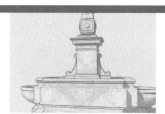

【项目描述】

SketchUp2018相机类工具操作包括九部分，″环绕观察″工具操作、″平移″工具操作、″缩放″工具操作、″缩放窗口″工具操作、″充满视窗″工具操作、″上一个″工具操作、″定位相机″工具操作、″绕轴旋转″工具操作、″漫游″工具操作。我们可以利用这些命令完成对所绘物体和场景的观察、动画制作等任务。

【项目目标】

1. 掌握并熟练应用″环绕观察″工具操作步骤和方法。
2. 掌握并熟练应用″平移″工具操作步骤和方法。
3. 掌握并熟练应用″缩放″工具操作步骤和方法。
4. 掌握并熟练应用″缩放窗口″工具操作步骤和方法。
5. 掌握并熟练应用″充满视窗″工具操作步骤和方法。
6. 掌握并熟练应用″上一个″工具操作步骤和方法。
7. 掌握并熟练应用″定位相机″工具操作步骤和方法。
8. 掌握并熟练应用″绕轴旋转″工具操作步骤和方法。
9. 掌握并熟练应用″漫游″工具操作步骤和方法。

【项目要求】

1. 根据参考图纸，完成模型创建和动画制作（图6-1）。

图6-1 欧式喷泉

动画要求：（1）需要有不少于3个场景。
（2）需要有对模型细节的展示。
（3）动画时常不少于10秒。

2. 带着以下问题开始本项目的学习，并完成以下题目：

(1) "环绕观察"工具命令图标为_____，"缩放"工具命令图标为_____。

A. 🐭　　　　　B. 🖐　　　　　C. 🔍　　　　　D. ✛

(2) 关于"缩放工具"操作描述错误的是_____

A. 可以通过滑动鼠标中间滑轮，实现缩放。

B. 在使用缩放命令的同时，也改变了视野的范围值。

C. 缩放命令可以改变物体本身的大小。

D. SketchUp 默认的视野范围是 35°。

(3) 平移工具的快捷键是_____+ 鼠标中键。

A.Ctrl　　　　　B.Shift　　　　　C.Alt　　　　　D.Esc

(4) "环绕观察"命令的快捷键为_____。

A.Ctrl　　　　　B.Shift　　　　　C.Alt　　　　　D. 鼠标中键

(5) "漫游"工具的图标是_____。

A. 👁　　　　　B. 👣　　　　　C. 🐟　　　　　D. 🖼

■ 知识链接

1. 环绕观察工具操作

"环绕观察"命令的工具按钮✛，快捷键为鼠标中键。按住鼠标中键，拖动鼠标就可以实现 720°的观察所绘制的形体（图 6-2）。

2. 平移工具操作

"平移"命令的工具按钮🖐，快捷键为 Shift+ 鼠标中键。可以实现平移形体，以便观察。

需要注意的是"平移"命令并不是改变物体所在空间的位置，而是移动整个绘图区的观察角度。

3. 缩放工具操作

"缩放"命令的工具按钮🔍。

操作方法一：选择"缩放"命令，按住鼠标左键，向上或向下拖动鼠标来缩放观察角度。

微视频提示：

可通过扫描二维码观看"相机类工具"命令的讲解视频。

二维码 23

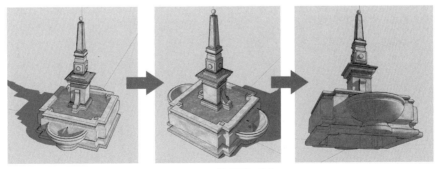

图 6-2　环绕 720°观察

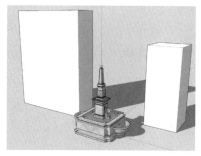
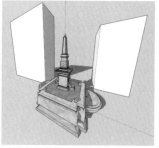

（a）视野 35°　　　　　　　　　　（b）视野 120°

图 6-3　视野范围

（a）放大前　　　　　　　　　　　　（b）放大后

图 6-4　框选放大

操作方法二：可以通过滑动鼠标中间滑轮，实现缩放。

在使用缩放命令的同时，也改变了视野的范围值。SketchUp2018 默认的视野范围是 35°。我们也可以在 [数值控制区] 中输入视野范围值，比如 40°、80° 等。最大范围是 120°，随着视野数值的增加，观察物体的形变也就越大（图 6-3）。

需要注意的是缩放命令并不是改变物体本身的大小，而是缩放观察角度的大小。

4. 缩放窗口工具操作

"缩放窗口"命令的工具按钮 。

操作步骤：

方法一：选择"缩放窗口"命令，"框选"需要放大观察的物体局部，即可实现物体局部缩放（图 6-4）。

方法二：先选择物体的局部构件，点击鼠标右键选择"缩放选择"，即可实现所选构件的局部缩放（图 6-5）。

5. 充满视窗工具操作

"充满视窗"命令的工具按钮 。

该命令可以实现绘图区中所有形体同时显示。

6. 上一个工具操作

"上一个"命令的工具按钮 。

该命令可以撤销和返回到上一个相机视野状态。

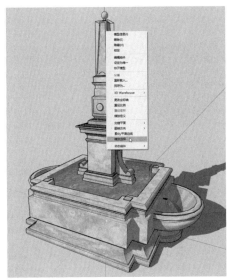
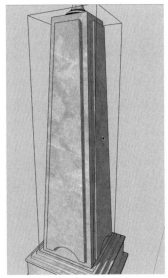

（*a*）缩放前　　　　　　　　　　　（*b*）缩放后

图 6-5　缩放选择

7. 定位相机工具操作

"定位相机"命令的工具按钮 。

该命令可以提供人视点的高度。

操作步骤：使用"定位相机"命令工具，在绘图区中点击鼠标左键，即可确定观察点。确定观察点后，软件默认转变为"绕轴旋转"命令。

8. 绕轴旋转工具操作

"绕轴旋转"命令的工具按钮 。

该命令以观察点为中心，按住鼠标左键，左右拖动调整观察方向。

9. 漫游工具操作

"漫游"命令的工具按钮 。

确定好定位相机和观察角度后，使用漫游命令，以相机的视角，制作漫游动画。

具体操作步骤：

Step1：点击"视图"菜单——"动画"——"添加场景"（图 6-6*a*）。

Step2：在"场景 1"的标签上点击鼠标右键，选择"更新"（图 6-6*b*）。

Step3：在标签上点击鼠标右键，选择"添加"，形成"场景 2"（图 6-6*c*）。

Step4：使用"漫游"命令，按住鼠标左键，同时向上拖动鼠标，左右摇晃鼠标，可以模拟人的行走（图 6-6*d*）。

Step5：在确定好终点后，在"场景 2"标签上点击右键，选择"更新"（图 6-6*e*）。

通过以上操作，即可实现由"场景 1"到"场景 2"这段行动轨迹的漫游动画。

Step6：点击"场景 1"标签，再点击"场景 2"标签，可自动播放动画（图 6-6*f*）。

Step7：镜头的时间间隔，在"窗口"菜单——"模型信息"——"动画"选项卡中设置（图 6-6*g*）。

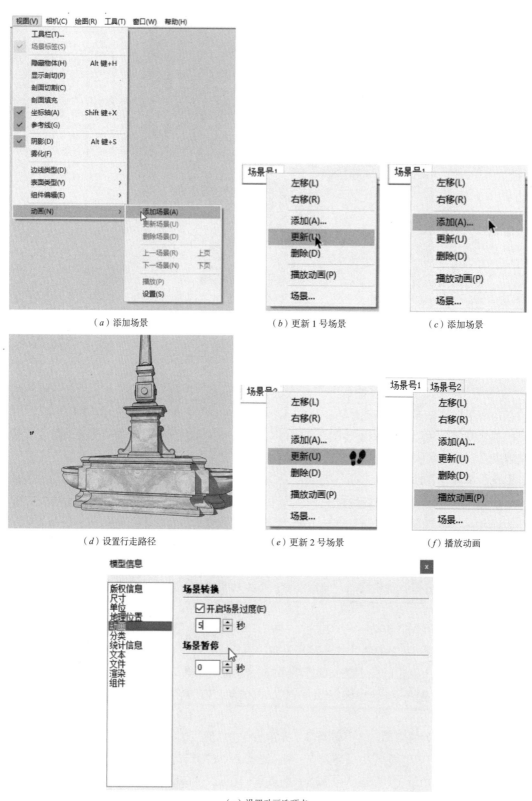

（a）添加场景　　　　　　　（b）更新1号场景　　　　　　　（c）添加场景

（d）设置行走路径　　　　　　（e）更新2号场景　　　　　　　（f）播放动画

（g）设置动画选项卡

图6-6　漫游工具操作

SketchUp，Lumion——园林景观极速设计

7

项目七 SketchUp2018 截面类工具操作

【项目描述】

SketchUp2018 截面类工具操作包括四部分，"剖切面"工具操作、"显示剖切面"工具操作、"显示剖切面切割"工具操作、"显示剖切面填充"工具操作。截面类工具命令可以帮助我们完成建筑剖面图的绘制，可以对建筑构件内部情况进行剖切展示。

【项目目标】

1. 掌握并熟练应用剖切面工具操作步骤和方法。
2. 掌握剖切面激活方法。
3. 掌握更改剖切面显示颜色的方法。

【项目要求】

1. 根据参考图纸，完成模型截面创建（图 7-1）。

图 7-1　建筑模型

要求：（1）需要对形体设置 2 ~ 3 处剖切面。

　　　（2）将剖切面颜色设置为棕色。

2. 带着以下问题开始本项目的学习，并完成以下题目：

（1）"剖切面"工具命令图标为_____，"显示剖切面工具操作"工具命令图标为_____。

A. ⊕　　　　　　　B. 🔳　　　　　　　C. 🔲　　　　　　　D. 🔳

（2）放置剖切面后系统将自动激活_____和_____。

A. "剖切面"工具命令

B. "显示剖切面工具操作"工具命令

C. "显示剖切面切割"工具操作

D. "显示剖切面填充"工具操作

（3）剖切面填充颜色在"默认面板"——"_____"——"编辑"——"建模设置"——"剖面填充"中设置。

A. 材料　　　　　　B. 风格　　　　　　C. 图层　　　　　　D. 场景

（4）通过什么方式激活剖切面？_____。

A. 单击　　　　　　B. 双击　　　　　　C. 三击　　　　　　D. 以上都不对

（5）关于截面类工具描述错误的是_____。

A. 能放置多个剖切面

B. 绘图区只能显示一个剖切面

C. 剖面图截面只能填充颜色，不能填充材料

D. 可以同时激活多个剖切面

■ 知识链接

1. 剖切面工具操作

"剖切面"命令的工具按钮⊕。

Step1：选择"剖切面"命令⊕。

Step2：弹出"放置剖切面"对话框（图7-2a）。可以更改剖切面名称和符号。

Step3：确定后，点击"放置"按钮。

Step4：点击鼠标左键确定剖切面在绘图区的位置（图7-2b）。

随后，系统自动激活显示剖切面工具  和显示剖切面切割工具 。如果将两者同时关闭，之前所设置的剖切面就将消失。

2. 编辑剖切面形式

选择当前放置的剖切面，移动或旋转，即可显示形体不同位置的剖切面形式（图7-3）。

如果形体中有多个剖切面，需要通过双击剖切面的方式将其激活，从而显示剖切面内容。没有被激活的剖切面将不做剖切显示（图7-4）。

微视频提示：

　　可通过扫描二维码观看"截面类工具"命令的讲解视频。

二维码24

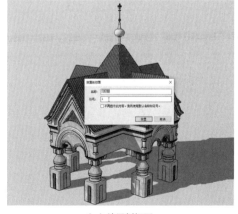

（a）放置剖切面

（b）确定剖切面

图7-2　剖切面工具操作

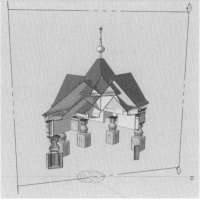

图 7-3　编辑剖切面

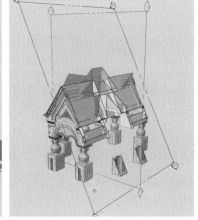

图 7-4　多个剖切面

3. 显示剖切面填充工具操作

点击"显示剖切面填充" ⬡命令。系统可以提供剖切后封闭面的填充颜色（图 7-5）。

如果想更改填充颜色,可在"默认面板"——"风格"——"编辑"——"建模设置"——"剖面填充"中调节相关颜色（图 7-6）。

图 7-5　显示剖切面填充　　　　图 7-6　编辑剖切面填充颜色

8

项目八　SketchUp2018
　　　沙箱类工具操作

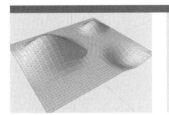  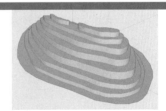 

【项目描述】

SketchUp2018 沙箱类工具操作包括七部分，"根据等高线创建"工具操作、"根据网格创建"工具操作、"曲面起伏"工具操作、"曲面平整"工具操作、"曲面投射"工具操作、"添加细部"工具操作、"对调角线"工具操作。我们可以利用这些命令完成各类地形的绘制。

【项目目标】

1. 掌握并熟练应用"根据等高线创建"工具操作步骤和方法。
2. 掌握并熟练应用"根据网格创建"工具操作步骤和方法。
3. 掌握并熟练应用"曲面起伏"工具操作步骤和方法。
4. 掌握并熟练应用"曲面平整"工具操作步骤和方法。
5. 掌握并熟练应用"曲面投射"工具操作步骤和方法。
6. 掌握并熟练应用"添加细部"工具操作步骤和方法。
7. 掌握并熟练应用"对调角线"工具操作步骤和方法。

【项目要求】

1. 参考图纸，完成地形的制作（图 8-1）。

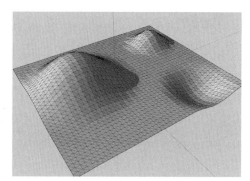

图 8-1　地形

2. 要求：（1）有不少于两处地面起伏。
　　　　　（2）需要在起伏地面放置建筑、公共设施等模型。
　　　　　（3）需要设置道路、绿地，并填充相应的材料。

■ **知识链接**

1. 根据等高线创建

"根据等高线创建"工具按钮 。
具体操作步骤：

Step1：利用"手绘线"工具手动绘制等高线（图 8-2a）。

微视频提示：

可通过扫描二维码观看"沙箱类工具"命令的讲解视频。

二维码 25

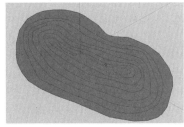

（a）绘制等高线

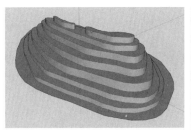

（b）形成高低不平地形

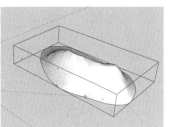

（c）地形创建完成

图 8-2 根据等高线创建地形

Step2：利用"推拉"命令工具，将等高线抬升，形成高低不平的地形。需要注意，最后一级等高线不需要抬升（图 8-2b）。

Step3：等高线创建完毕后，在形体上三击鼠标左键，全选等高线。

Step4：选择"根据等高线创建"工具 按钮，系统根据之前绘制的等高线自动计算，得出地形（图 8-2c）。

2. 曲面平整

"曲面平整"工具按钮 。

曲面平整命令可以帮助在凹凸不平的地形上得到与建筑地面大小相等且平整的一块场地。

具体操作步骤：

Step1：鼠标三击建筑模型，创建组件（图 8-3a）。

Step2：将建筑模型放置在需要平整的地形位置，然后将建筑模型垂直地与地形分离。保持组件被选中状态（图 8-3b）。

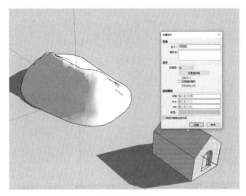

（a）创建组件

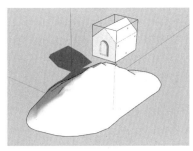

（b）选择建筑组件

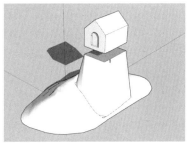

（c）曲面平整

图 8-3 曲面平整

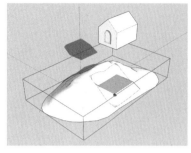

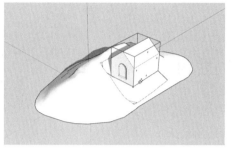

（d）确定平整场地高度　　　　　　　　　（e）建筑与场地结合

图8-3　曲面平整（续）

Step3：选择"曲面平整"工具按钮，将鼠标移动到地形上，单击鼠标左键，即可出现与建筑底面尺寸相吻合的平整地块（图8-3c）。

Step4：上下拖动鼠标，确定平整场地的高度，点击鼠标左键结束命令（图8-3d）。

Step5：将建筑模型移动到平整地形处，完成建筑与场地的结合（图8-3e）。

3. 曲面投射

"曲面投射"工具按钮。

具体操作步骤：

Step1：绘制平面，并在平面上绘制需要投射的图案。三击全选，创建组件（图8-4a）。

Step2：要与被投射的形体（地形与建筑）保持垂直和分离状态。保持投射图形的备选状态（图8-4b）。

Step3：点击"曲面投射"工具按钮，将鼠标移动到被投射形体曲面地形上，点击鼠标左键，

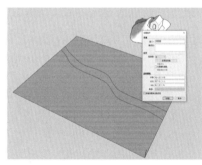
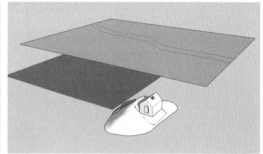

（a）绘制投射图案　　　　　　　　　　　　（b）投射位置状态

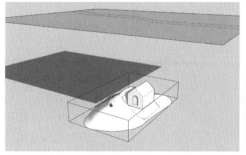

（c）曲面投射　　　　　　　　　　　　　　（d）材料填充

图8-4　曲面投射命令操作

即可将图形投射到地形上（图 8-4c）。

Step4：使用"默认面板"——"材料"，为投射图案进行材料填充，以区别原地形（图 8-4d）。

"曲面投射"命令多用于山地、微地形的曲面分割和道路绘制。

4. 根据网格创建

"根据网格创建"命令按钮 ▦，可以提供连续的、相同间距的平面网格。

具体操作步骤：

Step1：点击"根据网格创建"命令按钮 ▦，在［数值控制区］中输入栅格间距。

Step2：在绘图区中，单击鼠标左键，并拖拽鼠标，确定栅格长度（图 8-5a）。

Step3：单击鼠标左键，向垂直方向拖拽鼠标，确定栅格宽度。

Step4：单击鼠标左键确定网格（图 8-5b）。

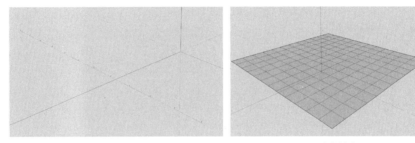

（a）确定栅格长度　　　　　　　　　　　（b）完成创建

图 8-5　根据网格创建

5. 曲面起伏

"曲面起伏"命令按钮 ▦。平面网格绘制好后，利用"曲面起伏"工具，手动绘制曲面地形。

Step1：将已绘制好的网格取消组件状态。在备选网格上单击鼠标右键，选择"炸开模型"（图 8-6a）。

Step2：选择平面起伏工具 ▦，在［数值控制区］输入曲面起伏半径。

Step3：光标变成圆形区域，点击鼠标左键向上或向下拖动，给出起伏的方向和高度。起伏高度可以在［数值控制区］中输入偏移尺寸（图 8-6b）。

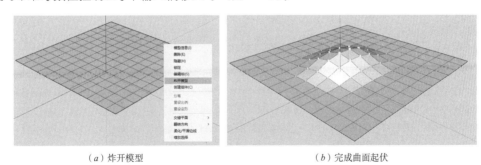

（a）炸开模型　　　　　　　　　　　（b）完成曲面起伏

图 8-6　曲面起伏

6. 添加细部

"添加细部"工具按钮 ▦。

当对不同网格进行曲面起伏创建时，会发现网格的间距大小会影响地形表面的平滑程度（图 8-7）。如果想得到更加平滑的效果，那么就要在原有的平行四边形上，添加细部形成三角面。

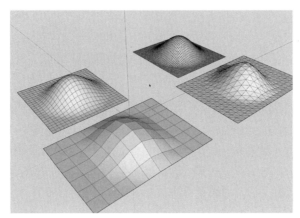

图 8-7　不同间距网格的地形效果

具体操作步骤：

Step1：选择已绘制好的网格，点击＂添加细部＂工具按钮，原来的四边形被分成了八个等分的三角形，如图 8-8*a* 所示。

Step2：使用＂曲面起伏＂工具。三角形的表面起伏相比四边形的表面起伏更为平滑（图 8-8*b*）。

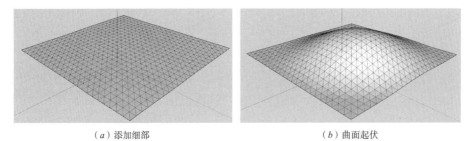

（*a*）添加细部　　　　　　　　　　　（*b*）曲面起伏

图 8-8　添加细部后起伏变化

7. 对调角线

＂对调角线＂工具按钮。

如果想要修改曲面细部结构，需要使用＂对调角线＂工具。在曲面的边界线上，单击鼠标左键，进行局部曲面结构的修改（图 8-9）。

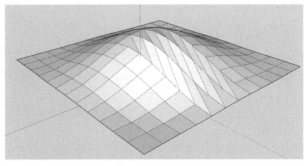

图 8-9　对调角线

SketchUp，Lumion——园林景观极速设计

9

项目九　SketchUp2018
风格类工具操作

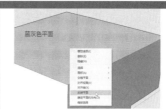

【项目描述】

SketchUp2018 风格类工具操作包括七部分，"X光透视模式"工具操作、"后边线"工具操作、"线框显示"工具操作、"消隐"工具操作、"阴影"工具操作、"材质贴图"工具操作、"单色显示"工具操作。风格类工具多用于 SketchUp 最终出图时使用，为我们提供多样化的出图风格，其中包括多种手绘质感的风格。

【项目目标】

1.掌握并熟练应用"X光透视模式"工具、"后边线"工具、"线框显示"工具、"消隐"工具、"阴影"工具、"材质贴图"工具、"单色显示"工具的操作步骤和方法。

2.能够灵活地选用风格类工具绘图、看图、出图。

3.灵活掌握默认面板中的风格类工具命令。

【项目要求】

1.参考图纸，完成形体绘制（图9-1）。

图9-1 场景模型

2.要求：(1) 风格自定。

(2) 需要在起伏地面放置建筑，并自行添置公共设施等模型。

(3) 需要设置道路、绿地，并填充相应的材料。

■ **知识链接：**

1.X光透视模式

"X光透视模式"工具按钮 。

具体操作步骤：

Step1：选择"X光透视模式"工具 ，绘图区的所有形体都变成了半透明状态，可清晰地看到形体内部存在错误的边线（图9-2a）。

微视频提示：

可通过扫描二维码观看"风格类工具"命令的讲解视频。

二维码26

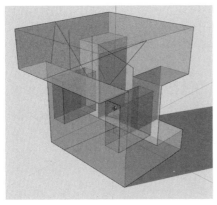
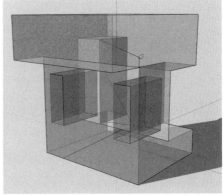

（a）X光透视模式 　　　　　　　　　　　（b）橡皮工具

图9-2　X光透视模式

Step2：利用"橡皮"工具 ，进行修改和删除（图9-2b）。

2. 后边线

"后边线"工具按钮 。后边线显示模式将看不到的、被遮挡的边线用虚线的形式显示出来。

3. 线框显示

"线框显示"工具按钮 。形体所有边线将全部显示（图9-3）。

4. 消隐

"消隐"工具按钮 。消隐模式，可以将形体可见边线和平面显示，不可见边线和平面隐藏（图9-4）。

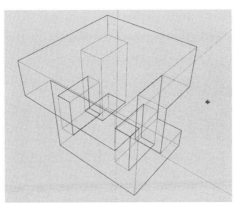
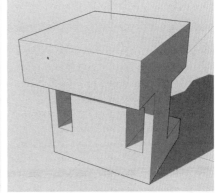

图9-3　线框显示 　　　　　　　　　　　图9-4　消隐

5. 阴影

"阴影"工具 。阴影模式显示物体固有颜色（不显示材质纹理），而非物体的影子。

6. 材质贴图

"材质贴图"工具按钮 。材质贴图模式可显示物体的纹理和颜色（图9-5）。

7. 单色显示

"单色显示"工具按钮 。绘制区形体以单色显示。其中，白色平面为法线方向；蓝灰色平面为法线相反方向。蓝灰色平面在其他三维软件中是无法渲染识别的。所以，在使用第三方

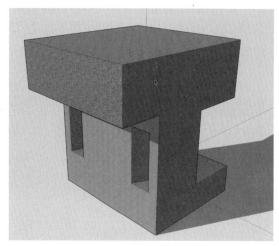

图 9-5 材质贴图

渲染软件前，必须将法线相反的平面（即蓝灰色平面）反转过来。

具体操作步骤：

Step1：在法线相反的平面（即蓝灰色平面）上点击鼠标右键,选择"反转平面"（图 9-6a）。原法线相反平面即变成白色。

Step2：如果形体中还有未反转的法线相反平面（即灰蓝色平面），需要在已经更改完成的白色平面上点击鼠标右键,选择"确定平面的方向",那么其他法线相反的平面将同时得到反转（图 9-6b）。

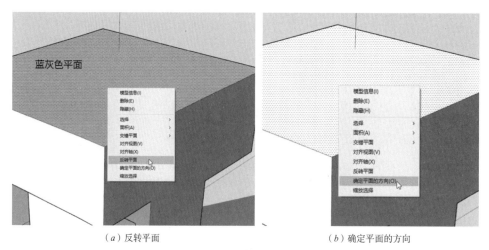

（a）反转平面　　　　　　　　（b）确定平面的方向

图 9-6　单色显示

8. 默认面板——风格

除了以上七个风格模式外，还可以在"默认面板"——"风格"选项卡中进行调节，从而改变物体的风格样式。

（1）默认面板——风格——选择——预设风格。

预设风格中提供了"木工样式"、"手绘边线"、"带框的染色边线"等多种样式（图 9-7）。

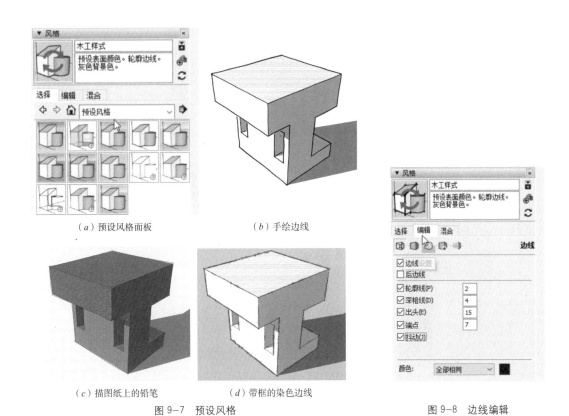

（a）预设风格面板 （b）手绘边线

（c）描图纸上的铅笔 （d）带框的染色边线

图9-7　预设风格

图9-8　边线编辑

（2）默认面板——风格——选择——编辑。

①边线：可对各类边线进行编辑（图9-8）。

②背景：将天空和地面显示在绘图区中。可手动调节天空和地面的颜色（图9-9）。

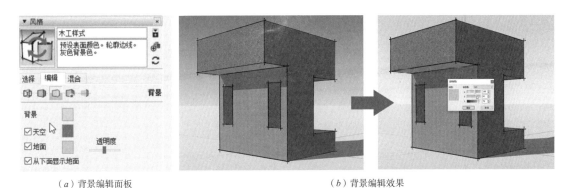

（a）背景编辑面板 （b）背景编辑效果

图9-9　背景设置

③水印：可在最终图纸中加入水印，如名称、标志等（图9-10）。

（a）添加水印　　　　　　　　（b）水印覆盖形式　　　　　　　　（c）设置水印透明度

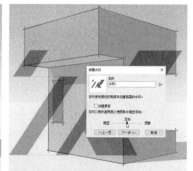

（d）水印铺设

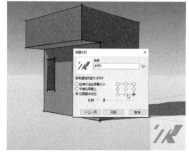

（e）水印位置设置

图 9-10　添加水印

10

项目十　SketchUp2018
规范组织模拟场景

【项目描述】

SketchUp2018 规范组织模拟场景操作包括四部分，"创建与编辑组件"命令操作、"图层的使用与编辑"命令操作、"管理目录与过滤器选择"命令操作、"新增 BIM 功能"命令操作。利用这些命令对模型成组、图层、信息录入等进行编辑。

【项目目标】

1. 掌握"创建与编辑组件"命令操作，并利用该命令快速完成重复模型的编辑。
2. 掌握"图层的使用与编辑"命令操作，明晰图层的实际操作意义。
3. 掌握"管理目录与过滤器选择"命令操作步骤和方法。
4. 了解"新增 BIM 功能"的操作方法。

【项目要求】

1. 根据任务 10.1 要求，完成参考形体的绘制并利用"创建与编辑组件"命令对形体进行成组操作练习。
2. 根据任务 10.2 要求，对已创建形体利用"图层的使用与编辑"工具完成图层的设置与编辑。
3. 根据任务 10.3 要求，完成对"管理目录与过滤器选择"工具操作的练习。
4. 根据任务 10.4 要求，利用"新增 BIM 功能"命令对已创建形体进行相关信息录入，并导出报告。

任务 10.1　创建与编辑组件

■ 任务引入

如图 10-1 所示，场景中需要插入大量的植被，特别是种类、大小相同的植物，如单棵放置会占用大量的时间。那么有什么好的方法，让其中的一些成为群组，通过复制群组的方式大面积铺设呢？

本节的任务是掌握 SketchUp2018 "创建与编辑组件"工具命令的操作。

图 10-1　植被铺设

■ 知识链接

在创建组件之前，模型中的面或线都是可以任意移动的，这样会出现很多误操作。创建组件的目的就让分散的边线与面化零为整，减少误操作的概率。

1. 组件的创建

具体操作步骤：

Step1：选择需要成组的物体，点击"创建组件"命令按钮，弹出对话框。

Step2：在对话框中修改组件的名称等信息，确定后点击"创建"按钮，完成组件创建（图10-2）。

微视频提示：

可通过扫描二维码观看"创建与编辑组件"工具命令的讲解视频。

二维码27

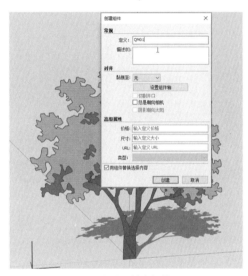

图10-2　创建组件

2. 组件轴的设置

组件创建后在场景中只能朝向一个观察角度。当环绕观察时，会出现视觉盲区，造成形体的失真。那么如何创建能够跟随观察角度自行旋转的组件呢？

具体操作步骤：

Step1：选择需要成组的物体。选择物体底端为插入点，以底部为中心移动到坐标系的原点（图10-3a）。

Step2：使用"创建组件"命令，在对话框中修改组件的名称等信息（图10-3b）。

Step3：点击对话框中"设置组件轴"按钮，此时对话框消失，鼠标变为坐标轴形式。将鼠标移至物体底部中心，单击鼠标左键确定位置，拖动鼠标，使鼠标坐标轴与场景坐标系一一对应（如鼠标红轴与场景红轴相重合），三击鼠标左键确定物体旋转中心，对话框重新显示（图10-3c）。

Step4：对话框中勾选"总是朝向相机"，设置完成后点击"创建"按钮完成操作（图10-3d）。

（a）移动到坐标系原点 　　　　　（c）设置组件轴

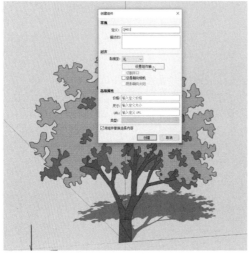

（b）创建组件 　　　　　（d）勾选"总是朝向相机"

图10-3　组件轴的设置

通过以上操作，使物体无论相机所处位置如何都能正面朝向观察方向。

3. 组件的保存

组件完成后可保存到资源库，便于之后随时调用。

具体操作：在组件上单击鼠标右键，在弹出的菜单条中选择"另存为"，选择存储路径，单击"保存"键，即可存储为资源库文件（图10-4）。

4. 替换组件

如图10-5所示，将场景中的针叶乔木更改为阔叶乔木。

具体操作步骤：在场景中任选一棵针叶乔木，点击鼠标右键，在菜单中选择"重新载入"（图10-6a）。弹出对话框，找到组件资源库保存路径，选择阔叶乔木文件，单击"打开"按钮。这样场景中的所有针叶乔木就变成了阔叶乔木（图10-6b）。

5. 组件团

选择两个或两个以上的组件，组成组件团（图10-7a）。组件团对景观绿地、森林等需要大量、多种类型植被的场景具有很大的作用。

多重复制的组件团中，如果修改其中一个组件团，其他的组件团也将被修改，因为它们之间存在关联（图10-7b）。为此，需要将其中需要修改的组件团变成独立单元才能够取消这种关联性。

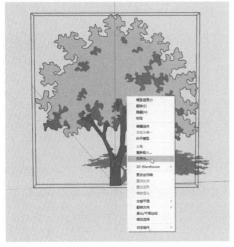

图 10-4　组件的保存

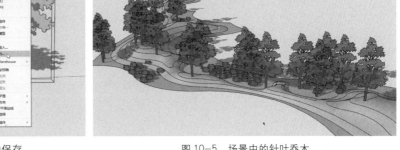

图 10-5　场景中的针叶乔木

（a）

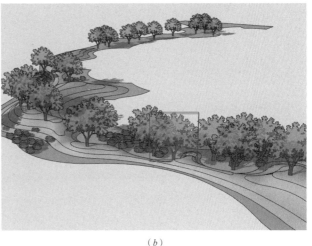

（b）

图 10-6　替换组件

　　具体操作步骤：选择需要修改的组件团，单击鼠标右键，在弹出的菜单中选择"设定为唯一"，这时再次编辑此组件团，其他组件团将不会发生变化（图 10-7c）。

　　6. 切割物体表面

　　在景观设计中，很多构筑物存在相同之处，如景观建筑中的门窗等。这时可以用制作组件并多重复制的方式来进行多个构筑物创建的重复操作。

　　具体操作步骤：

　　Step1：在物体上绘制一个窗的轮廓，使用"推／拉"命令给出窗口厚度（图 10-8a）。

　　Step2：用"选择"命令将整个窗的轮廓全部选中（提示：不要多选线或面，可以通过 X 光模式进行检查）（图 10-8b）。

　　Step3：选择"制作组件"命令，在弹出的对话框中修改组件的基本信息，点击"创建"，即完成构建窗的组件（图 10-8c）。

（a）

（b）

（c）

图 10-7　组件团

Step4：将窗进行多重复制，会发现可实现自动开洞的效果（图 10-8d）。

Step5：调整好窗的位置后，可对其中一个窗进行造型、材质等编辑，其余窗将同时关联修改（图 10-8e）。

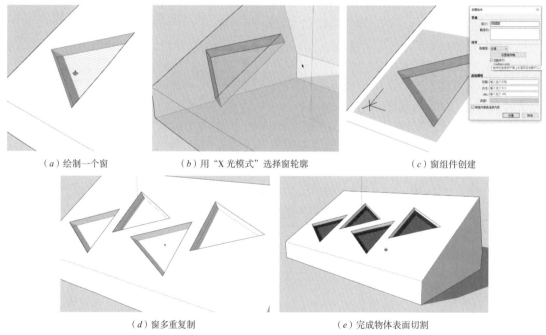

（a）绘制一个窗　　　　　　（b）用"X光模式"选择窗轮廓　　　　　　（c）窗组件创建

（d）窗多重复制　　　　　　（e）完成物体表面切割

图 10-8　切割物体表面

■ **任务实施**

1. 创建一块地形，在地形中植入多种类植被。利用"创建与编辑组件"命令完成组件创建、组件轴、组件图等操作。

2. 利用 SketchUp2018"创建与编辑组件"命令完成以下形体的创建（图 10—9）。

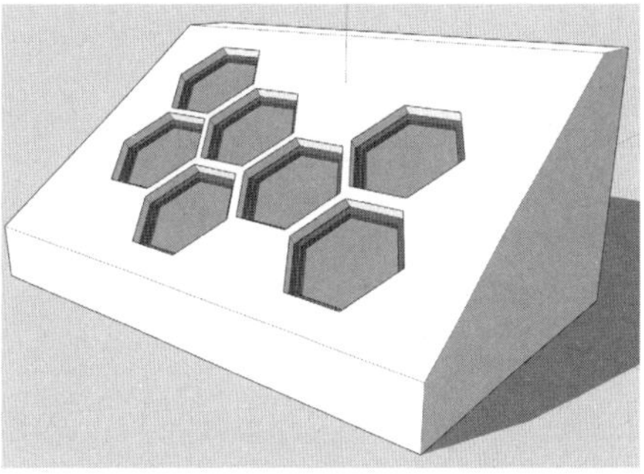

图 10—9　创建与编辑组件练习

任务 10.2　图层的使用与编辑

■ **任务引入**

图层与 AutoCAD 和 Photoshop 中的图层很相近，是将场景中的模型，根据所属类别进行分组管理，此操作将有效地管理场景模型。

本节我们将学习 SketchUp2018 图层的使用与编辑。

微视频提示：

可通过扫描二维码观看"图层的使用与编辑"命令的讲解视频。

二维码 28

■ **知识链接**

在绘图区右侧"默认面板"中，打开"图元信息"卷展栏，选择场景模型。此时，图层名称为"0"。意味着，场景中只有一个图层。那么，如何新建图层呢？

具体操作步骤：

Step1：打开"默认面板"中"图层"卷展栏。点击添加图层按钮

，图层名称可以任意更改（图 10—10）。

Step2：如果场景中的物体没有赋予材质颜色或贴图，那么可以利用图层的颜色进行标示。

Step3：选择场景中的模型，点击"默认面板"——"图元信息"——"图层"，选择相适应的图层名称，即可完成图层指定（图 10—10）。

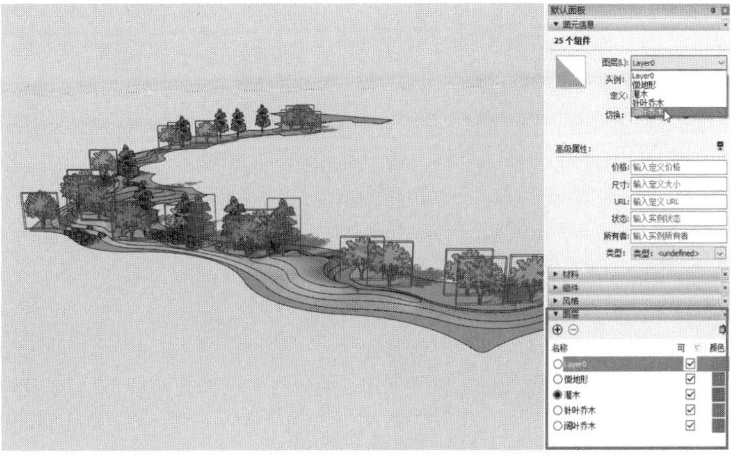

图 10—10　指定图层

为场景中的模型分门别类设置图层，将有助于管理模型内容。注意，当前图层是不可以隐藏的。

■ 任务实施

对任务 10.1 中的场地创建进行图层设置。

任务 10.3　管理目录与过滤器选择

■ 任务引入

对于大型的项目，场景中模型的种类和内容会非常多，如果不能合理地管理模型，将为模型创建、后期修改带来很多的障碍，影响效率。在 SketchUp2018 中有一个命令是可以将模型信息以树形结构展示，通过对树形结构的管理与调配明确场景中模型的从属关系。

本节的任务是掌握 SketchUp2018 "管理目录与过滤器选择"命令的操作。

■ 知识链接

利用管理目录和过滤器来规范组织场景中的模型。

选择场景中任意模型，在"默认面板"——"管理目录"——"过滤器"中相应的模型名称将会点亮。同时，也可以通过在"过滤器"查找栏输入模型名称选择相应模型。

具体操作步骤：

Step1：选择其中一个组团，在"默认面板"——"管理目录"——"过滤器"中将会点亮该组件团名称（图 10−11*a*）。

Step2：点击"过滤器"查找栏右侧箭头标志弹出菜单，选择"全部展开"，组件团信息通过树形结构信息目录进行展示（图 10−11*b*）。

微视频提示：

　　可通过扫描二维码观看"管理目录与过滤器选择"命令的讲解视频。

二维码 29

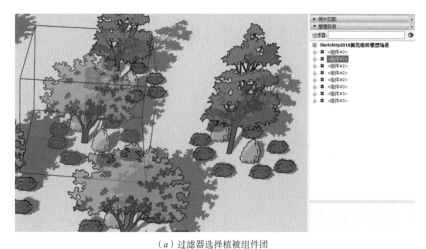

（*a*）过滤器选择植被组件团

图 10−11　管理目录与过滤器选择

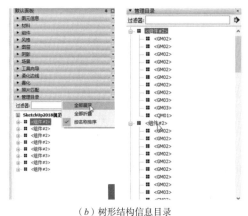

（b）树形结构信息目录

图 10-11　管理目录与过滤器选择（续）

Step3：可将目录中的任意组件拖拽给其他的组件，形成树形的从属关系，从而完成批量复制。

■ 任务实施

对任务 10.1 场景创建中的组件、组件团进行管理，形成明晰的从属关系，并在管理目录中完成批量复制。

任务 10.4　新增 BIM 功能

■ 任务引入

BIM 被称为建筑信息模型，它可以帮助实现建筑信息的集成，从建筑的设计、施工、运行直至建筑全寿命周期的终结，各种信息始终整合于一个三维模型信息数据库中，设计团队、施工单位、设施运营部门和业主等各方人员可以基于 BIM 进行协同工作，有效提高工作效率、节省资源、降低成本、以实现可持续发展。那么，BIM 作为 SketchUp2018 新增设的内容，有什么神奇用处呢？

本节的任务是掌握 SketchUp2018 新增 BIM 功能的操作。

■ 知识链接

新增的 BIM 功能包括三个方面，"组件"、"生成报告"和"IFC"。"组件"可以增加高级的属性；"生成报告"体现了 BIM 的重要功能；"IFC"可导出其他软件平台识别的参数化类别物体。

1. 组件

具体操作步骤：

Step1：选择场景中物体，并点击鼠标右键，在弹出的菜单中选择"创建组件"命令，弹出"创建组件"对话框。与 2017 版本不同，SketchUp2018 中增加了"高级属性"，其中包括"价格"、"尺寸"、"URL"、"类型"等内容（图 10-12*a*）。

Step2：可以在制作过程中嵌入模型相关信息。点击"确定"完成组件创建。

Step3：选择创建好的组件模型，可在"默认面板"的"图元信息"中找到"高级属性"中设置的相关组件信息内容（图 10-12*b*）。

(a) 创建组件　　　　　　　(b) 修改组建信息

图 10-12　组件

2. 生成报告

具体操作步骤：点击"文件"菜单中的"生成报告"选项，弹出"生成报告"面板（图 10-13）。

图 10-13　生成报告

　　"生成报告"面板中包含了"组件数量报告"、"模板标题"、"创建日期"、"创建者"、"说明"等信息内容。还包括了"垃圾桶"、"导出"、"导入"、"保存到模型"、"复制"、"编辑"、"运行"等操作按键。

3.IFC

利用 SketchUp2018 中的 IFC，在项目中分配和操作属性，并与其他软件互通数据信息。

具体操作步骤：

Step1：选择场景中的模型，并点击右键，在弹出的菜单中选择"创建组件"命令，弹出"创建组件"对话框。

Step2："高级属性"下的"类型"文件就是 IFC，找到相关属性即可（图 10-14a）。

Step3：点击"导入"按钮，弹出"分类浏览器"对话框，选择"IFC 2×3.skc"文件，双击导入即可（图 10-14b）。

Step4：导入的"IFC 2×3.skc"文件，在"模型信息"——"分类"中显示（图 10-14b）。

Step5：可以在"过滤器"中为模型更改参数化分类信息（图 10-14c）。

（a）高级属性 - 类型

（b）分类显示 IFC 2×3　　　　（c）更改参数化分类信息

图 10—14　IFC

■ 任务实施

根据以下提示内容建立的模型，利用新增 BIM 功能建立模型信息并生成报告（图 10—15）。

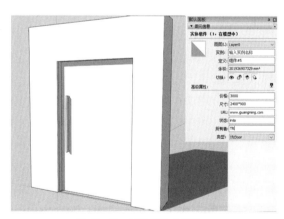

图 10—15　新增 BIM 功能练习

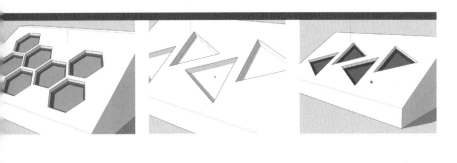

11

项目十一　SketchUp2018

综合案例

【项目描述】

以实际的景观小品为案例，按照真实的工作流程展开 SketchUp2018 的绘制工作，如图 11-1 所示。

【项目目标】

1. 熟练掌握 SketchUp2018 各命令的使用方法。
2. 灵活地应用各命令完成案例模型的创建、动画制作等。
3. 在绘制中体会各命令之间的配合关系。
4. 熟练地应用快捷键绘制模型。
5. 掌握各种文件类型的导出。

微视频提示：

可通过扫描二维码观看 "SketchUp2018 综合案例" 的讲解视频。

二维码 30

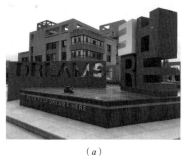

（a）

（b）

（c）

图 11-1　景观建筑小品

■ 外部文件导入

Step1：在 "文件" 菜单中点击 "导入" 命令，弹出对话框，在缩略图中选择所需要导入的文件。本案例将导入 "景观小品 .jpg" 图片文件 [1]（图 11-2a）。

Step2：点击鼠标左键将文件插入场景中，通过拖拽鼠标将场景文件进行放大或缩小（图 11-2b）。

Step3：根据需要可导入多个文件辅助建模，如导入 AutoCAD 的 ".dwg" 文件作为模型创建时的尺寸依据（图 11-2c）。

注意：SketchUp2018 可以支持很多外部文件的类型，如 ".3ds"、".dwg"、".ifc"、".jpg" 等。

■ 创建场景模型

利用 AutoCAD 源文件 [2] 中所提供的造型轮廓、尺寸和位置，进行快速创建场景三维模型。

Step1：导入场景中的 AutoCAD 源文件，形成了一个文件组。双击鼠标左键进入文件组，使用 "直线" ✏️ 命令，将立面造型恢复成封闭的平面。同时将镂空的平面删除（图 11-3a）。

Step2："旋转" 🔄 所有立面造型，使它们垂直于地面，并分别创建组件（图 11-3b）。

---

① 如需使用本文件，可发送邮件致 cabp_gzsj@163.com 索取。
② 同上。

（a）图片文件导入

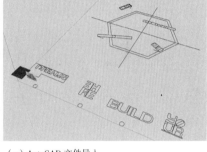

（b）图片文件导入场景 （c）AutoCAD 文件导入

图 11-2　外部文件导入

Step3：根据平面定位标识，将模型移动到立面形体所在的平面位置和空间高度位置（图11-3c）。

Step4：分别进入各组件，使用"推／拉" 命令，将立面造型厚度和平面所示厚度对齐（图11-3d）。

Step5：厚度确定好后，在形体上点击鼠标右键，从菜单中选择"柔化／平滑边线"以隐去形体中多余的图线（图11-3e）。

Step6：通过"直线"命令和"推／拉"命令，绘制景观小品基座造型（图11-3f）。

根据参考图片，为模型赋予材质颜色和材质纹理（图11-3g）。

（a）绘制封闭平面 （b）旋转立面造型

图 11-3　创建场景模型

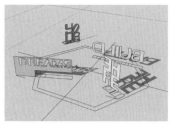

（c）移动组件位置

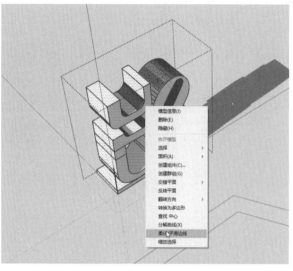

（d）推/拉成体

（e）柔化/平滑边线

（f）绘制景观小品基座造型

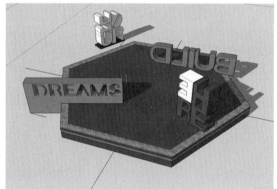

（g）材质

图11-3　创建场景模型（续）

■ 添加场景和场景切换

　　Step1：点击"视图"菜单——"动画"——"添加场景"（图11-4a）。

　　Step2：调整观察角度，在"场景1"标签中单击鼠标右键，选择"更新"。之前调整过程将记录在"场景1"中（图11-4b）。

　　Step3：在"场景1"标签中单击鼠标右键，选择"添加"将出现"场景2"标签。在此调整观察角度完成场景2的更新（图11-4c）。

■ 二维图形、三维文件的导出

　　场景添加完毕，可导出二维图形和三维文件。

　　1. 导出二维图形

　　Step1：点击"文件"菜单——"导出"——"二维图形"，弹出对话框，选择输出文件格式（图11-5a）。

　　Step2：在弹出的"输出二维图形"对话框右下角，选择"选项"弹出对话框，可以手动修改图像大小和输出质量（图11-5b）。

（a）添加场景

（b）更新场景 1

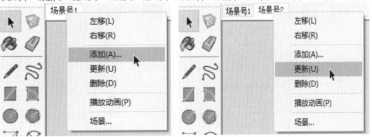

（c）添加、更新场景 2

图 11-4　添加场景和场景切换

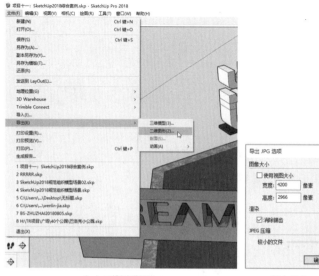

（a）二维图形导出　　　　　　　　（b）导出 JPG 选项

图 11-5　导出二维图形

Step3：确认导出信息后，单击"导出"按钮，即可完成二维图形的导出工作。

2. 导出三维文件

点击"文件"菜单——"导出"——"三维模型"，弹出对话框，选择输出文件格式。注意，在之后课程中将通过 Lumion8.0 软件完成渲染和动画制作。在此，需要将 SketchUp2018 文件导出为".fbx"格式文件。

3. 导出动画文件

在导出动画文件前，要设置"场景1"和"场景2"之间的时间间隔。

Step1：在"窗口"菜单中选择"模型信息"，弹出对话框（图 11-6a）。

Step2：在"模型信息"对话框中，选择"动画"项，并进行设置。如"场景转换"时间设置为 10 秒，"场景暂停"设置为 0 秒（图 11-6b）。

（a）窗口－模型信息　　　　　　　　（b）动画设置

图 11-6　导出动画

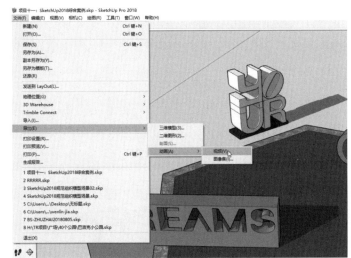

（c）动画导出选项

图 11-6　导出动画（续）

　　Step3：点击"文件"菜单——"导出"——"动画"——"视频"，弹出"动画导出选项"对话框。设置输出动画的文件大小，按"确定"键完成设置（图 11-6c）。返回到"输出动画"对话框。

　　Step4：在"输出动画"对话框中，选择视频的输出类型。

　　Step5：点击"导出"按钮，导出动画视频文件。

SketchUp，Lumion
——园林景观极速设计

Lumion8.0 渲染与动画篇

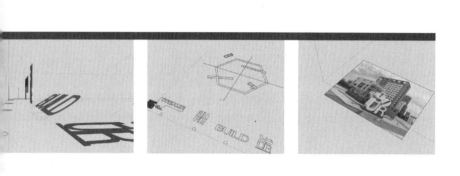

12

项目十二　Lumion8.0
认知与基础操作

【项目描述】

SketchUp 是方便、快捷的三维建模软件，在材质、灯光等方面却很难达到真实。Lumion8.0 作为渲染软件，提供了良好的材质、配景、灯光和特效等处理手段，可将 ".skp" 文件导入 Lumion8.0 中实施渲染或动画制作。两个软件的良好配合，可以高效地完成效果图、场景动画等工作。

【项目目标】

1. 了解 Lumion8.0 初始界面。
2. 了解 Lumion8.0 软硬件的工作环境。
3. 掌握 Lumion8.0 的基本操作方法。

【项目要求】

1. 根据任务 12.1 内容，尝试了解、摸索 Lumion8.0 界面中三个选项卡和两个按钮的操作。
2. 根据任务 12.2 内容，了解电脑配置情况。
3. 根据任务 12.3 内容，尝试完成 Lumion8.0 基本操作命令。
4. 根据项目内容，完成以下内容：

(1) Lumion8.0 初始界面包括_____个选项卡和_____个按钮。

A.3，2   B.2，3   C.3，3   D.2，2

(2) 在 "开始" 选项卡中包含_____种不同天气和地形的自然场景。

A.6   B.7   C.8   D.9

(3) 在 "输入范例" 选项卡中包含_____个不同类型的案例场景。

A.6   B.7   C.8   D.9

(4) "设置" ⚙命令面板，有_____个图标。

A.6   B.7   C.8   D.9

(5) "编辑器品质"、"编辑器分辨率"、"单位设置" 等设置位于_____。

A. "开始" 选项卡   B. "输入范例" 选项卡

C. "加载场景" 选项卡   D. "设置" 按钮

(6) "语言" 按钮中，包含_____种常用语言。

A.10   B.20   C.30   D.40

(7) 　? 　帮助按钮周围排列的控制按钮分别是_____。

A. "编辑模式" 🚶、"拍照模式" 📷、"动画模式" 🎞、"文件" 💾、"天气" ☀

B. "编辑模式" 🚶、"拍照模式" 📷、"动画模式" 🎞、"物体" ⬇、"景观" ⛰

C. "编辑模式" 🚶、"拍照模式" 📷、"动画模式" 🎞、"文件" 💾、"全景" 🎤

D. "编辑模式" 🚶、"拍照模式" 📷、"动画模式" 🎞、"文件" 💾、"材质" 🎨

任务 12.1 Lumion8.0界面认知

■ 任务引入

Lumion8.0是一个实时的3D可视化工具，可完成建筑、景观、规划的设计表现。作为认识一个软件的开始，需要先对其界面有所认知。

本节的任务是认识Lumion8.0界面及界面中相关命令的操作。

■ 知识链接

双击![图标]图标，启动进入Lumion8.0初始界面（图12-1）。初始界面包括三个选项卡和两个按钮,分别是"开始"![home]、"输入范例"![grid]、"加载场景"![folder]选项卡,以及"设置"按钮![gear]与"选择语言"按钮![当前语言 CN]。

1."开始"选项卡

单击"开始"按钮![home]，进入新建场景选项页面，包括6种不同天气和地形的自然场景。鼠标单击任意自然场景，即可建立基于该自然场景的新场景（图12-2）。

图12-1 Lumion8.0初始界面

图12-2 "开始"选项卡

2."输入范例"选项卡

单击"输入范例"按钮![grid]（图12-3），进入"输入范例"选项卡，它包含9个不同类型的案例场景，单击其中任一场景，即可加载该场景并进行编辑。

图 12-3　Lumion8.0 "输入范例" 选项卡界面

3. "加载场景" 选项卡

单击 "加载场景" 按钮 📂（图 12-4），进入 "加载场景" 选项卡，点击 "加载场景" 按钮弹出打开对话框，可打开曾保存过的场景文件。

4. "设置" 按钮

点击界面右下角 "设置" 按钮 ⚙（图 12-5），进入面板，六个图标可对软件操作方式进行设置。

🔺 在编辑器中显示高品质地形。

🔵 在编辑器内的高素质树木。

🔲 平板电脑输入开关。

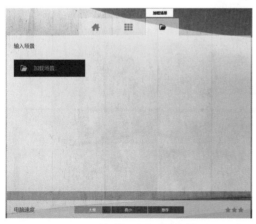

图 12-4　"加载场景" 选项卡界面

图 12-5　Lumion8.0 设置界面

启用反转上／下相机倾斜。

静音（在编辑器中有效），该按钮激活后场景音效处于关闭状态。

切换全屏

另外，通过该面板可对软件的"编辑器品质"、"编辑器分辨率"、"单位设置"等进行设置。

（1）编辑器品质设置：通过图形质量按钮进行调节，其中一颗星代表编辑器品质最低，四颗星代表编辑器品质最高。

（2）编辑器分辨率设置：编辑器分辨率的调节也是对画面效果的调节，选择100%时画面显示效果最佳。学习者需要根据电脑配置、图形难易程度等客观条件选择分辨率。

（3）单位设置： m 为公制单位， ft 为英制单位。

5."语言"按钮

屏幕上方中间位置可设置当前系统语言环境,点击"选择语言"按钮 当前语言: CN ,弹出"选择语言"对话框，Lumion8.0提供了20种常用语言（图12-6）。使用者根据需求，选择相应语言。

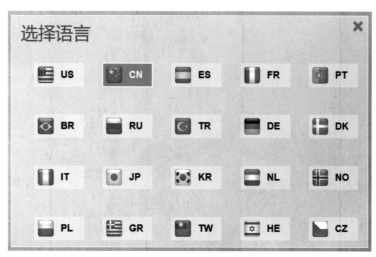

图12-6　Lumion8.0选择语言界面

■ **任务实施**

通过本任务的学习，尝试了解、摸索 Lumion8.0界面中三个选项卡和两个按钮的操作。

任务 12.2　机器配置

■ **任务引入**

Lumion8.0需要电脑拥有较为强大的软硬件配置，特别是内存与显卡，这将直接影响到绘图效率和出图品质。

本节将介绍适用于Lumion8.0操作的机器配置情况。

■ **知识链接**

由于 Lumion8.0 采用了较为先进的 GPU 渲染技术，因此与一般设计软件相比需要较高的计算机软硬件配置环境。特别是对显卡的要求较高。

1.Lumion8.0 的最低系统要求。

操作系统：64 位 Windows7 或 Windows8。

系统内存：4GB。

显卡：NVidia GTX460/ATI HD 5850 以上，至少 1GB 独立显存。

硬盘：硬盘空间 13.5GB。

2.Lumion8.0 的推荐系统要求。

操作系统：64 位 Windows10。

系统内存：8GB。

显卡：NVIDLA GTX1060，至少 2GB 独立显存。

硬盘：硬盘空间 500GB。

■ **任务实施**

通过本任务的学习，了解电脑配置情况。对电脑配置的熟悉程度也体现了一个专业制图员和设计师的基本素质。

任务 12.3　Lumion8.0 基本操作

■ **任务引入**

当了解 Lumion8.0 的界面和机器配置后，可以对 Lumion8.0 的基本操作进行简单了解，明晰各部位的操作按钮有哪些，分别具有什么作用。

本节将介绍 Lumion8.0 基本操作。

■ **知识链接**

运行 Lumion8.0 进入任一场景，在屏幕右下角出现多个竖向排列的控制按钮（图 12-7），这些按钮组成了 Lumion8.0 的主控制栏。当鼠标移动到主控制栏 ❓ 帮助按钮上，屏幕出现多处白底黑字的注释块，对基本操作进行提示（图 12-8）。

选择"编辑模式" 🚶 命令，其余命令处于关闭状态。屏幕左下角出现四个竖向排列的控

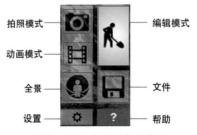

图 12-7　Lumion8.0 控制按钮

图 12-8　解释提示

制按钮，即"天气"命令按钮 ☀、"景观"命令按钮 ▲、"材质"命令按钮 ⊙、"物体"命令按
钮 ⬇，四按钮组成了场景制作控制栏。点击任一按钮，可在屏幕下方左侧看到相应的参数修改
面板（图 12-9 ～图 12-12）。

图 12-9　Lumion8.0 天气按钮

图 12-10　Lumion8.0 景观按钮

图 12-11　Lumion8.0 材质按钮

图 12—12　Lumion8.0 物体按钮

■ 任务实施

根据本任务的学习，尝试操作各基本操作按钮，感知各按钮位置、相互关系及功能特点等。

13

项目十三　Lumion8.0
场景四大系统

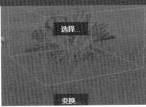

【项目描述】

Lumion8.0 场景四大系统分别包括天气系统、景观系统、材质编辑系统、配景物品系统。通过四大系统的设置可以对 Lumion8.0 场景进行真实化再现，其中天气系统可以对天空环境进行逼真呈现；景观系统可以根据场景需要增添高山、湖泊等自然景观；材质编辑系统可以为场景模型赋予真实材质、纹理与质感；配景物品系统为场景空间增加配景。四大系统各执其责，为场景创建提供服务。

【项目目标】

1. 能够熟练掌握 Lumion8.0 天气系统的组成及具体操作。
2. 能够熟练掌握 Lumion8.0 景观系统的组成及具体操作。
3. 能够熟练掌握 Lumion8.0 材质编辑系统的组成及具体操作。
4. 能够熟练掌握 Lumion8.0 配景物品系统的组成及具体操作。

【项目要求】

1. 根据任务 13.1 内容，尝试了解并掌握 Lumion8.0 天气系统的设置与调节操作。
2. 根据任务 13.2 内容，尝试创建不同类型的景观系统环境。
3. 根据任务 13.3 内容，尝试对已创建的模型和场景进行不同类型材质的赋予，体会材质编辑系统的操作。
4. 根据任务 13.4 内容，尝试通过物体系统在已创建的模型和场景中进行植被、交通工具、人物等的摆放。
5. 根据项目内容，完成以下题目：

(1) Lumion8.0 场景四大系统包括_____、_____、材质编辑系统、配景物品系统。

A. 天气系统　　　　　B. 场景系统　　　　　C. 景观系统　　　　　D. 环境系统

(2) 在天气系统面板中，积云密度在调节时，滑杆上方会显示积云密度参数，精确到_____。

A. 0.001　　　　　B. 0.01　　　　　C. 0.1　　　　　D. 1.0

(3) 在天气系统面板中，场景亮度在调节时，配合键盘上的_____键可以进行微调。

A. Alt　　　　　B. Ctrl　　　　　C. Shift　　　　　D. Fn

(4) "景观" 面板可以对场景的 "高度"、"_____"、"_____"、"描绘"、"打开街景地图"、"草丛" 等进行参数调节。

A. 水、湖泊　　　　　B. 海洋、材料　　　　　C. 山丘、海洋　　　　　D. 水、海洋

(5) _____可以通过笔刷为场景地形添加或修改材质。

A. 高度　　　　　B. 草丛　　　　　C. 打开街景地图　　　　　D. 描绘

(6) Lumion 提供了丰富的材质库，它包含 5 个选项卡，分别是 "_____"、"室内"、"室外"、"_____" 和 "收藏夹"，每个选项卡又包含了若干材质。

A. 场景　　　　　　　B. 自然　　　　　　　C. 自定义　　　　　　D. 景观

（7）在物体系统中包括"_____"和"_____"两种编辑类型标签。

A. 放置模式　　　　　B. 编辑模式　　　　　C. 移动模式　　　　　D. 创建模式

（8）在物体系统_____中可对移动物体、调整尺寸、调整高度、绕 Y 轴旋转进行精确编辑。

A. 放置模式　　　　　B. 编辑模式　　　　　C. 移动模式　　　　　D. 创建模式

任务 13.1　天气系统

■ 任务引入

Lumion8.0 提供了天气系统调节操作，可用它完成太阳方位、太阳高度、积云密度、场景亮度、选择云彩等操作，为场景提供更真实的自然环境。

本节的任务是了解并掌握 Lumion8.0 天气系统的组成及相关操作。

■ 知识链接

点击"天气"按钮 ，将在屏幕左侧弹出"天气"面板（图 13-1）。通过该面板可对太阳的方位和高度、积云的密度和类型以及场景亮度等参数进行调节。

图 13-1　天气系统

1. 太阳方位

在罗盘内点击太阳并旋转，可控制太阳的方位。

2. 太阳高度

在罗盘内点击太阳并旋转，可调节太阳的垂直高度以及昼夜变化。

3. 积云密度

在滑杆 上左右移动，可以调节积云密度。在调节时，滑杆上方会显示积云密度参数，精确到0.1。滑杆移动的同时配合键盘上的Shift键可以进行微调。

4. 场景亮度

在滑杆 上左右移动，可以调节场景亮度。在调节时，滑杆上方会显示场景亮度参数，精确到0.1。显示参数与调节同"积云密度"一致。

5. 选择云彩

点击"类型" 按钮，弹出"选择云彩"对话框，Lumion8.0提供了9种云彩类型（图13-2）。

图13-2　选择云彩

■ 任务实施

通过本任务的学习，尝试了解并掌握Lumion8.0天气系统的设置与调节操作。

任务13.2　景观系统

■ 任务引入

一个真实的自然场景会有不同的地形地貌，平坦的、凹凸的、砂石路面、河流山川等，这些地形地貌在Lumion8.0中如何实现呢？

本节的任务是了解并掌握Lumion8.0景观系统的组成及相关操作。

■ 知识链接

通过"景观" 面板可以对场景的"高度" 、"水" 、"海洋" 、"描绘" 、"打开街景地图" 、"草丛" 等进行参数调节。

1. 高度

点击"高度" 按钮进入面板，可对高度以及地形的起伏等参数进行调节。

（1）提升高度、降低高度、平整、起伏、平滑：如图 13-3 所示，五个命令分别可以为场地带来高度提升、降低、平整、起伏和平滑的效果。

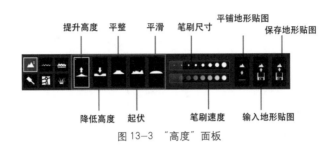

图 13-3 "高度"面板

具体操作步骤：选择命令"提升高度"![按钮]按钮（或"降低高度"![按钮]按钮，或"平整"![按钮]按钮，或"起伏"![按钮]按钮，或"平滑"![按钮]按钮），在场景中会出现黄色圆形笔刷，在需要提升高度（或降低高度，或平整，或起伏，或平滑）的位置按住鼠标左键不放，即可提升（或降低，或平整，或起伏，或平滑）笔刷所及范围的地面（图 13-4）。

（a）提升高度　　　　　　　　　　　　（b）降低高度

（c）平整　　　　　　　　　　　　（d）起伏

图 13-4 提升高度、降低高度、平整、起伏、平滑效果

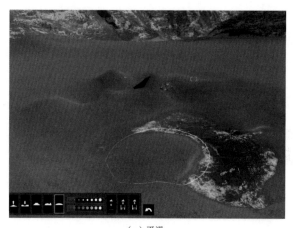

（e）平滑

图13-4　提升高度、降低高度、平整、起伏、平滑效果（续）

（2）笔刷尺寸：控制条 ▬▬●●●●○○ 用来控制在相同笔刷速度下地形变化的范围。数值越大，黄色圆形笔刷越大，地形变化范围越大；数值越小，黄色圆形笔刷越小，地形变化范围越小。移动控制条的同时点击 Shift 键可进行微调。

（3）笔刷速度：控制条 ▬▬●●●●○○ 用来控制在相同笔刷大小时地形变化的快慢，数值越大表示地形变化速度越快；数值越小，表示地形变化速度越慢。移动控制条的同时点击 Shift 键可进行微调。

（4）平铺地形贴图：点击"平铺地形贴图" ⬍ 按钮，可将所有凹凸地形平面化。

（5）输入地形贴图：点击"输入地形贴图" ⬆ 按钮，弹出"打开"对话框，选择需要导入场景中的地形贴图。

（6）保存地形贴图：点击"保存地形贴图" ⬆ 按钮，弹出"打开"对话框，可将自建的地形贴图保存到电脑终端。

2. 水

单击"水"按钮 〰〰，在该面板中可放置、删除、移动水或者改变水的类型（图13-5）。

（1）放置物体：单击"放置物体"按钮 ⬇，在需要水体的地方单击鼠标左键或按住鼠标左键不放拖动鼠标，即可在场景中添加一块水体（图13-6a）。

（2）删除物体：单击"删除物体"按钮 🗑，场景中已创建的水体中心会出现一个白色圆圈 ⊙，将光标移动到所要删除的水面对应的白色圆圈上，单击该圆圈即可删除对应的水体。

（3）移动物体：单击"移动物体"按钮 ✕，场景中每个水体的外包矩形框的四角均会出现"上

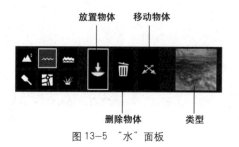

图13-5　"水"面板

下移动"和"拉伸"按钮。点击任一顶角的"上下移动"按钮 ![icon]，拖拽鼠标左键，可调节水体的高度（图13-6b）。点击任一顶角"拉伸"按钮 ![icon]，拖拽鼠标左键，可以调节矩形水体的面积（图13-6c）。

（4）类型：包含"海洋"、"热带"、"池塘"、"山"、"污水"、"冰面"等六种不同的水体类型，点击任意水体类型将调换场景中相应水体（图13-16d）。

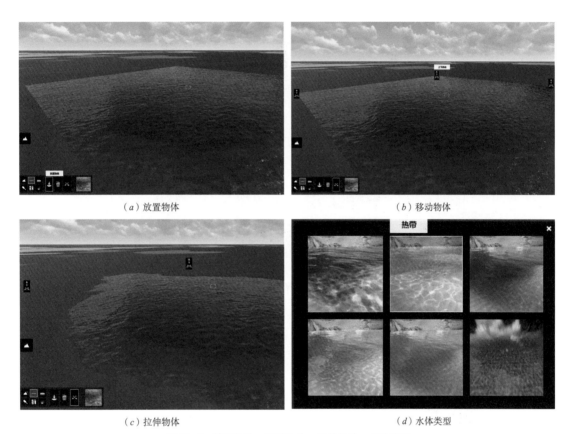

（a）放置物体 　　　　　　　　　　　　　　　　（b）移动物体

（c）拉伸物体 　　　　　　　　　　　　　　　　（d）水体类型

图13-6　放置物体、移动物体、拉伸物体、水体类型

3. 海洋

点击"海洋"按钮 ![icon]，点击开关按钮 ![icon]，进入海洋编辑面板（图13-7）。

图13-7　"海洋"面板

通过该面板可对"波浪强度"、"风速"、"浑浊度"、"高度"、"风向"、"颜色预设"等参数进行调节。

(1)波浪强度:用来调整波浪的强度。数值越大,波浪强度越大,波浪在场景中表现得越明显。

(2)风速:用来调节波浪移动速度。数值越大,移动速度越快;数值越小,移动速度越慢。

(3)浑浊度:用来调节海水混浊透明程度。数值越大,海水越混浊;数值越小,海水越清澈。

(4)高度:用来调节海平面的高度。数值越大,海平面越高,海洋深度越深;数值越小,海平面越低。

(5)风向:用来调节风的方向,该风向仅对海浪的方向产生影响。

(6)颜色预设:通过调节面板,可以改变海水的颜色。调色盘下方的滑杆可以用来调节海面亮度。数值越高,海面越亮;数值越低,海面越暗。

4.描绘

单击"描绘"按钮 ![icon], 进入"描绘"编辑面板。该面板可以通过笔刷为场景地形添加或修改材质(图13-8)。

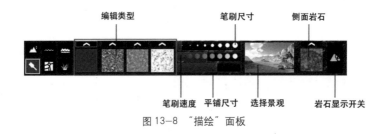

图13-8 "描绘"面板

(1)编辑类型:点击"编辑类型"![icon]按钮,弹出材质面板(图13-9)。选择所需材质,即可在场景地形上刷出不同的材质。

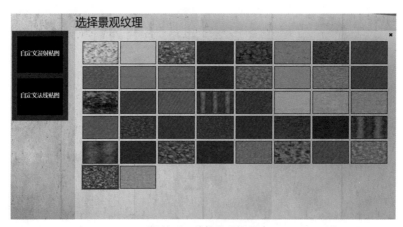

图13-9 选择景观纹理

(2)笔刷速度、笔刷尺寸、平铺尺寸:调整到合适的"笔刷速度"、"笔刷尺寸"及"平铺尺寸"。数值越大,调整范围越大。

(3)选择景观:可通过"选择景观"![icon]按钮,弹出"选择景观预设"对话框,改变景观地貌效果。Lumion8.0提供了20种景观预设(图13-10)。

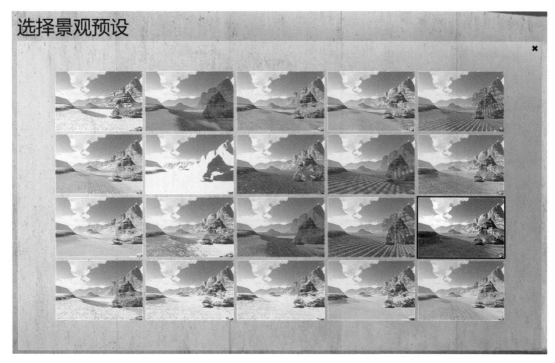

图 13-10　选择景观预设

（4）侧面岩石：点击"侧面岩石" 按钮，弹出"选择景观纹理"对话框，可以改变山体侧面贴图纹理（图 13-9）。

（5）岩石显示开关：点击"岩石显示开关" 按钮，可打开或关闭山体岩石贴图纹理（图13-11）。

（a）侧面岩石开启效果

（b）侧面岩石关闭效果

图 13-11　岩石显示开关效果

5. 打开街景地图

点击"打开街景地图"按钮 ，可在互联网云端地图上下载并打开真实地形信息。

6. 草丛

单击"草丛"按钮 ，并点击"开关"按钮 进入"草丛"面板。

该命令面板可以调整和添加场景中的草丛以及在草丛中添加一些配景。可以通过"草层尺寸"、"草层高度"、"草层野性"等来调节草丛参数（图 13-12）。

图 13-12　"草丛"面板

　　同时"草丛"命令面板还提供了各种草丛配景，可同时使用 8 个类型 59 种配景（图 13-13）。点击"草丛"面板下方的 按钮将弹出配景库，每种配景均可调节其"扩散"、"尺寸"、"随机尺寸"参数（图 13-12），从而使场景更加逼真（图 13-14）。

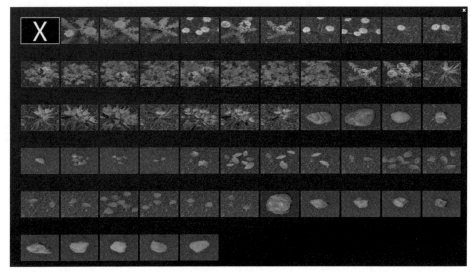

图 13-13　草丛配景

图 13-14　草丛参数编辑

■ 任务实施

通过本任务的学习，尝试创建不同类型的景观系统环境。

任务 13.3　材质编辑系统

■ 任务引入

最终效果的好与坏除了场景设置、模型建立外，还需要有贴近现实的逼真质感。材质编辑系统将帮助我们完成场景中所有材质的设置工作。

本节的任务是了解并掌握 Lumion8.0 材质编辑系统的组成及相关操作。

■ 知识链接

Lumion8.0 提供了丰富的材质库 🌀，它包含 5 个选项卡，分别是"自然"、"室内"、"室外"、"自定义"和"收藏夹"。每个选项卡又包含了若干材质（图 13–15）。

13.3.1　材质库

1. 自定义材质

在自定义材质面板中有十一种不同类型的材质，分别是"广告牌"、"颜色"、"玻璃"、"纯净玻璃"、"无形"、"景观"、"照明贴图"、"已导入材质"、"标准材质"、"水体"和"瀑布"（图 13–16）。

（1）广告牌 👤：该命令可为模型添加该类材质，被赋予该材质的物体可以在视角的移动过程中始终面向相机，常常用于人物或植被。

（2）颜色 🖌：该命令可为模型添加颜色材质,利用"颜色"面板可调节"颜色"和"减少闪烁"

图 13–15　材质库

图 13–16　自定义材质

图 13-17　颜色材质

参数（图 13-17）。

（3）玻璃🏆：选择该命令后进入"玻璃"材质编辑面板。利用滑杆调节玻璃"反射率"、"透明度"、"纹理影响"、"双面渲染"、"光泽度"和"亮度"等参数。同时，点击面板中 RGB 按钮，用户可在弹出的"颜色"面板中调整玻璃颜色（图 13-18）。

（4）纯净玻璃🏆：选择该命令后进入"纯净玻璃"材质编辑面板。利用滑杆调节玻璃"着色"、"反射率"、"内部反射"、"不透明度"、"双面渲染"、"光泽度"、"结霜量"、"视差"和"缩放"等参数。同时，点击面板中 RGB 按钮，用户可在弹出的"颜色"面板中调整玻璃颜色（图 13-19）。

（5）无形▓▓：为模型添加隐形材质。

（6）景观▲：为模型添加景观材质，将当前材质与景观系统中的材质保持一致。

（7）照明贴图▓：为模型添加照明贴图。

具体操作步骤：点击"照明贴图"▓，进入"照明贴图"编辑面板，通过此命令可以调节材质的"更改漫反射纹理"以及"照明贴图"、"照明贴图倍增"、"环境"、"深度偏移"等参数。这些参数主要对材质纹理贴图的亮度以及显示范围进行调整与修正（图 13-20）。

点击"照明贴图"面板中的"更改漫射纹理"按钮，弹出对话框。选择需要的贴图文件并打开，即可实现漫射纹理的更改。

（8）已导入材质🚫：可以删除已赋予的材质。

（9）标准材质▨：如果不使用 Lumion8.0 材质，而使用模型本身自带材质（SketchUp 模型导入 Lumion8.0 前，SketchUp 模型已经被赋予的材质）时，可使用"标准材质"。

具体操作步骤：点击"标准材质"▨按钮，进入"标准材质"编辑面板。该面板包括"着色"、"光泽"、"反射率"、"视差"、"缩放"、"反转法线贴图方向"等基本属性和相关设置（图 13-21）。

图 13-18　玻璃材质

图 13-19　纯净玻璃

图 13-20　照明贴图

图 13-21　标准材质

①基本属性。

着色：该参数配合调色板可以调节材质的颜色。

光泽：该参数用来调节材质的光泽度。

反射率：该参数用来调节材质的反射率，数值越大反射越强烈。

视差：该参数用来调节材质表面的凹凸程度，使材质更显逼真。

缩放：该参数用来调节材质的大小比例。

反转法线贴图方向：该参数可将法线贴图方向调转，形成不同凹凸贴图效果。

②更多设置。

点击"标准材质"面板中的"显示扩展设置"按钮 ▼，获得"位置"、"方向"、"透明度"、"设置"、"风化"、"叶子"等设置（图13-21）。

位置：包含"X轴偏移"、"Y轴偏移"、"Z深度偏移"，三项参数用来控制材质纹理沿X、Y、Z轴平移的距离（图13-22）。

图13-22　位置

方向：包含"绕Y轴旋转"、"绕X轴旋转"、"绕Z轴旋转"，三项参数用来控制材质纹理绕X、Y、Z轴旋转的角度（图13-23）。

图13-23　方向

透明度：该参数用来调节材质的透明程度。包含"打蜡"和"透明度"两种参数，并且两种参数只能选择其一（图13-24）。

图 13-24　透明度

设置：包含〝自发光〞、〝饱和度〞、〝高光〞、〝减少闪烁〞、〝纹理透明等〞。通过滑动条进行各参数调节（图 13-25）。

图 13-25　设置

风化：Lumion8.0 中提供了 8 种风化材质，与场景中原材质进行叠加，形成仿旧效果（图 13-26）。

图 13-26　风化

叶子：在赋予材质的基础上添加叶片。该命令包括〝扩散〞、〝叶子大小〞、〝叶类型〞、〝拓展图案偏移〞、〝地面高度〞等设置。通过该命令的调节，可以形成植物墙效果（图 13-27）。

图 13-27 叶子

(10) 水体：选择"水体"材质按钮≈，进入"水体"材质编辑面板。通过该面板可以对水体的"波高"、"光泽度"、"波率"、"聚焦比例"、"反射率"和"泡沫"等基本属性以及水体的颜色进行调节（图 13-28）。

①属性

波高：该参数用来表现水面的动态程度。数值越大，水面波动越大；当数值为"0"时，水面是完全静止的。

光泽度：该参数用来调节水体的光泽度。参数调节需要建立在水体反射率不低于"0"的基础上。

波率：该参数用来调节波浪的疏密程度。波率越小，水面所呈现的波浪越多。

聚焦比例：该参数可以对水体岸边的细节进行调整。

反射率：该参数用来调节水体的反射率。数值越大，反射越强烈。

泡沫：该参数用来调节水面泡沫的数量，适当调节可以增加水体的逼真程度。

② RGB

在 RGB 面板中，可对水体的"颜色密度"和"调整水的亮度"进行调节（图 13-29）。

(11) 瀑布：点击"瀑布"材质按钮▲，进入"瀑布"材质编辑面板。该面板的设置与"水体"面板设置情况相同，请参照"水体"部分（图 13-30）。

2. 其他材质

在"自然"、"室内"、"室外"材质选项卡中提供了若干材质。如"室内"材质选项卡中的"木材"▦材质中包含了数十种小类材质（图 13-31）。在参数调节面板中，可以对材质的基本属性、位置、方向以及一些高级参数进行调节。

13.3.2　材质创建与编辑

点击"材质"按钮◉，将光标移动到模型中需要贴材质的位置，此时场景中与其同一材质的部件均会亮显并呈现荧光黄色，单击被选中的区域将出现两种情形：

(1) 当选中区域使用模型导入时的材质，屏幕左下角将弹出"材质库"面板。如导入 SketchUp 模型时将采用 SketchUp 的材质，用户可用 Lumion 的材质替换原有的材质，并对材质参数做以调整，此时可以认为用户以 Lumion 材质库中的材质为蓝本定义了新的材质。

图13-28　水体材质

图13-29　水体颜色设置

图13-30　瀑布材质

图13-31　其他材质

　　(2) 当选中区域已经被赋予 Lumion 材质库中某一个材质时，屏幕左下方将弹出"材质"面板 (图13-32)，用户可根据需要对面板中的材质参数进行调节，也可通过单击"材质"面板左上角的示例球返回材质库，并单击"自定义"选项卡中的"输入材质"⊘以丢弃 Lumion 的材质而采用模型导入时的材质 (图13-33)。

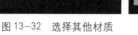

图13-32　选择其他材质　　　　图13-33　输入材质

13.3.3　导入导出材质

　　在 Lumion 中对模型附上材质后，"材质"编辑面板右上方会出现 ▦ 按钮，点击该按钮将会出现"重新导入模型"、"从新文件重新导入模型"、"材质组"、"编辑"四个命令 (图13-34)。

　　(1) 重新导入模型：该命令用于重新载入上一次 Lumion 中修改保存后的模型。

　　(2) 从新文件重新导入模型：点击"从新文件重新导入模型"按钮，在弹出的对话框中选择需要导入的模型，点击"打开"，即可替换当前模型。

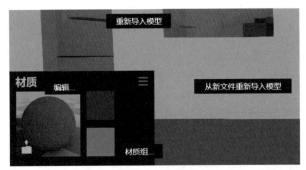

图 13-34 材质菜单

（3）材质组：该命令主要用于导入和导出成套材质。点击"材质组"按钮，在弹出的选项中选择"读取"选项按钮，当出现"打开"对话框时，选择需要导入的材质组文件，即可完成。

点击屏幕右下角的"确认"按钮☑，使上述操作生效。

（4）编辑：该命令主要用于导入和导出单个材质，以及对材质进行复制和粘贴。

■ 任务实施

通过本任务的学习，尝试对已创建的模型和场景进行不同类型材质的赋予，体会材质编辑系统的操作方法。

任务 13.4　物体系统

■ 任务引入

通过物体系统可以导入自然配景、交通工具、声音、特效、室内用品、人或动物、室外物品、灯具等八大种类实物模型。并对实物的位置、大小等属性进行编辑。

本节的任务是了解并掌握 Lumion8.0 物体系统的组成及相关操作。

■ 知识链接

通过"物体"⬇面板可以对场景的"自然"🌲、"交通工具"🚗、"声音"🎵、"特效"⭐、"室内"🦌、"人和动物"🚶、"室外"🏠、"灯具和特殊物体"🔧等进行参数调节。

在物体系统中包括"放置模式"↖和"移动模式"▦两种编辑类型标签。

1. 放置模式

包括"放置物体"、"人群安置"、"移动物体"、"调整尺寸"、"调整高度"、"绕 Y 轴旋转"、"关联菜单"、"删除物体"等编辑操作，如图 13-35 所示。

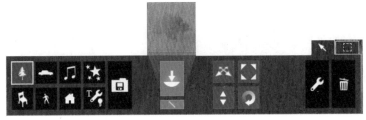

图 13-35　放置模式

(1) 放置物体

具体操作步骤：

Step1：通过"选择物体"按钮↓，选择需要放置的物体。

Step2：点击"放置物体"按钮，鼠标在场景中形成黄色立体线框和十字坐标（图13-36a）。

Step3：在被选物体需要放置的位置，单击鼠标左键，即可完成（图13-36b）。

（a）　　　　　　　　　　　　　　　　（b）

图13-36　放置物体

此操作可连续使用，直到切换下一选择物体。

(2) 人群安置：不只是针对人物使用，对其他物体均可使用。

具体操作步骤：

Step1：通过"选择物体"按钮↓，选择需要放置的物体。

Step2：点击"人群安置"按钮，在场景按住鼠标左键拖拽，形成半透明矩形区域（图13-37a）。

（a）形成半透明矩形区域

图13-37　人群安置

（b）人群安置参数修改

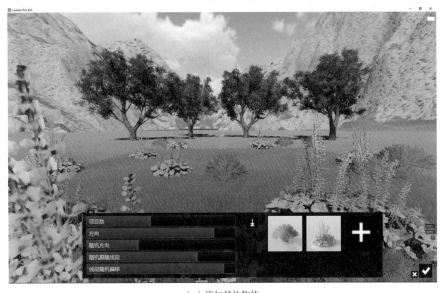

（c）添加其他物体

图 13-37　人群安置（续）

Step3：矩形区域确定后，再次单击鼠标左键完成区域设定，并弹出参数修改对话框。可调节"项目数"、"方向"、"随机方向"、"随机跟随线段"、"线段随机偏移"等参数（图13-37b）。

Step4：在"参数修改"对话框中，点击 ➕ 按钮可添加其他物体（图13-37c）。

Step5：完成所有操作点击 ✔ 按钮结束命令。

（3）移动物体、调整尺寸、调整高度、绕 Y 轴旋转：可以对场景中的物体进行位移、比例缩放、高度调整和平面旋转，选择"移动物体"按钮并配合 Alt 键可完成物体的复制（图13-38）。如果想精确地移动、缩放、高度调整、旋转需要在"移动模式" ⬚ 下完成。

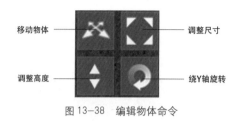

移动物体 —— 调整尺寸

调整高度 —— 绕Y轴旋转

图13-38　编辑物体命令

（4）关联菜单：点击"关联菜单" 🔧，点击场景中的插入点 ⊙（图13-39）。弹出两个选项，即"选择"和"变换"（图13-40）。

图13-39　点击插入点

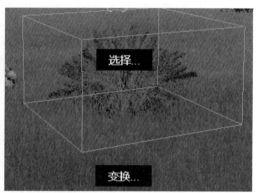

图13-40　"选择"和"变换"

①选择：点击"选择"选项，弹出黑底白字的复选选项，分别是"选择相同的对象"、"选择"、"取消选择"、"取消所有选择"、"删除选定"、"选择类别中的所有对象"、"库"（图13-41）。

选择相同的对象：同时选择场景中属性相同的物体。

选择：单独选择当前物体。

取消选择：取消当前选择的物体。

取消所有选择：取消场景中所有被选物体。

删除选定：删除当前选择的物体。需要注意一旦删除将无法返回。

选择类别中的所有对象：把相同类别的物体同时选中。

库：弹出两个选择项，即"将所选模型设为库的当前模型"和"用库的当前模型替换所有所选模型"。

②变换：点击"变换"选项，弹出黑底白字的复选选项，分别是"随机选择"、"XZ 空间"、"对齐"、"地面上放置"、"相同高度"、"相同旋转"、"锁定位置"、"重置大小旋转"（图13-42）。

随机选择：选择该命令，弹出三个选择项，即"位置"、"旋转／缩放"和"旋转"。

XZ 空间：该命令可以使空间模型整齐摆放。

对齐：该命令将当前同时选择的两个以上物体的插入点对齐在一起。

地面上放置：该命令可以将物体强制放置在地面上。

相同高度：该命令可以将当前选择物体的高度值与其他物体高度值对齐。

相同旋转：该命令可以将当前选择物体的旋转角度与其他物体角度保持一致。

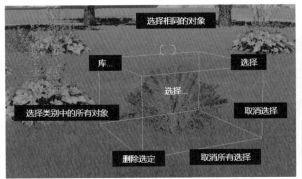

图13-41 选择

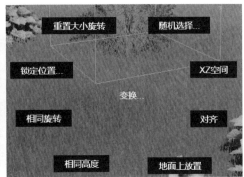

图13-42 变换

锁定位置：可将当前物体位置进行锁定，不能进行位移、旋转等操作。

重置大小旋转：重置当前选择物体，将旋转角度、缩放大小恢复到初始状态。

(5) 删除物体：点击"删除物体" 🗑 按钮，点击物体中的插入点即可完成该物体的删除操作。

2. 移动模式

包括"过滤"、"移动物体"、"调整尺寸"、"调整高度"、"绕Y轴旋转"、"创建组"、"关联菜单"、"删除物体"等编辑操作。

(1) 过滤：过滤中包含了"自然" 🌲、"交通工具" 🚗、"声音" 🎵、"特效" ⭐、"室内" 🐾、"人和动物" 🚶、"室外" 🏠、"灯具和特殊物体" 🔧 等。点击不需要编辑的物体图标，图标变成为红底并画红"×"，表示此类属性物体被过滤掉（图13-43）。

图13-43 移动模式

(2) 移动物体、调整尺寸、调整高度、绕Y轴旋转：同"放置模式"中的"移动物体"、"调整尺寸"、"调整高度"、"绕Y轴旋转"操作相同。但在"移动模式"中可进行更为精确的编辑。

"移动物体"和"调整高度"可通过"位置"控制栏修改"X、Y、Z"坐标数值，进行编辑（图13-44）。

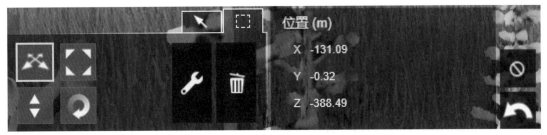

图13-44 "移动物体"和"调整高度"

"调整尺寸"可通过"尺寸（%）"控制栏进行进行编辑（图13-45、图13-46）。

图13-45 "调整尺寸"

图13-46 "调整尺寸"效果

"绕Y轴旋转"可通过在被选物体的控制点上点击鼠标左键并拖拽鼠标，从而捕捉到东南西北正方向（图13-47）。

（3）创建组：在场景中选择物体，点击"创建组" 命令，完成物体组的创建。

如果想在已经建立的组中添加新的物体，需要先选择组，再按住Ctrl键加选新物体后，在屏幕右下方弹出的"Group"面板中（图13-48），点击"将当前选择添加到组" 按钮，完成组中新物体添加。

"Group"面板中"编辑组" 按钮，可完成组内单个物体的多次编辑，编辑结束后需要点击屏幕右下角的 按钮结束操作。

"Group"面板中"解组" 按钮，可完成组的解散。

（4）关联菜单：操作与"放置模式"相同。

（5）删除物体：操作与"放置模式"相同。

图 13—47　"绕 Y 轴旋转"

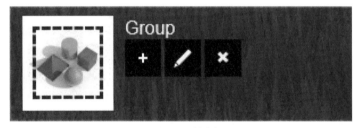

图 13—48　创建组

■ 任务实施

　　通过本任务的学习，尝试通过物体系统在已创建的模型和场景中进行植被、交通工具、人物等物体的摆放。

14

**项目十四　Lumion8.0
导入模型与场景输出**

【项目描述】

将 SketchUp、3DMax 等软件模型导入到 Lumion8.0 场景中，通过天气系统、景观系统、材质编辑系统、配景物品系统的编辑，完成场景图片、动画和全景的绘制与输出工作。

【项目目标】

1. 掌握 SketchUp、3DMax 等软件模型导入 Lumion8.0 的操作方法。
2. 掌握对导入 Lumion8.0 模型的基本编辑操作。
3. 掌握 Lumion8.0 拍照模式输出的拍照编辑与各类特效风格的具体操作。
4. 掌握 Lumion8.0 动画模式输出的动画编辑与各类特效风格的具体操作。
5. 掌握 Lumion8.0 全景输出的全景编辑的具体操作。

【项目要求】

根据任务要求，完成 SketchUp2018 模型导入到 Lumion8.0 场景中，并进行编辑操作，最终完成场景模型图片、动画和全景图的输出。

要求：1. 在 SketchUp2018 中建立小型园林景观场景模型后，导入到 Lumion8.0。
　　　2. 通过在 Lumion8.0 各类系统、风格的设置完成并输出以下内容：

(1) 不同视角的图片不少于 5 张。
(2) 10″动画 1 部。
(3) 全景图 1 张。

任务 14.1　模型导入

■ 任务引入

SketchUp、3DMax 等三维软件模型均可导入到 Lumion8.0 中，并对导入模型进行位置、尺寸、高度、属性等编辑工作。通过之前 Lumion8.0 四大系统的学习，建立较为完整的场景模型。

本节的任务是掌握 SketchUp、3DMax 等软件模型导入 Lumion8.0 的操作方法及对模型的编辑操作。

■ 知识链接

在 Lumion8.0 中可以导入 SketchUp、3DMax 等软件模型，并对模型位置、大小、材质等进行编辑。

14.1.1　导入模型

具体操作步骤：

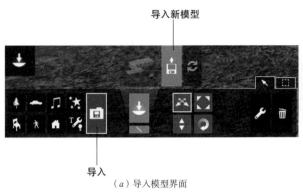

导入新模型

导入

（a）导入模型界面

H:\2018书稿SKETCHUP录制\LUMIONshugao
\SketchUp2018moxing.skp

设置导入模型的名称：

SketchUp2018moxing

□ 导入动画

类别文件夹

Main (default)

（b）确认模型信息

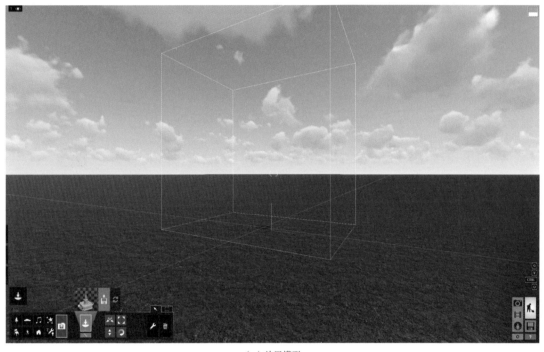

（c）放置模型

图14-1　导入模型

　　Step1：选择"导入"命令，点击"导入新模型"按钮，弹出"打开"对话框，选择需要导入的文件（图14-1a）。

　　Step2：若需要导入的模型支持动态效果，应勾选"导入动画"选项，点击确认按钮，将模型加入库中。注：导入文件的名称不能出现中文（图14-1b）。

　　Step3：场景中出现呈长方体的模型边界线框和十字光标，单击鼠标左键即可将模型导入（图14-1c）。

1. 选择物体

　　单击位于"放置物体"按钮上方的"选择物体"缩略图，出现如图14-2所示的"所导入的模型库"界面。模型库中保存了曾经被导入场景的模型，用户可以再次添加模型，或在模型库中删除不需要的模型。

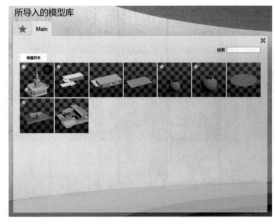

图 14-2　所导入的模型库

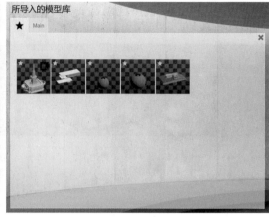

图 14-3　收藏卡

2. 收藏卡

对于使用频率比较高的模型，可以在模型库中对该模型加入五角星⭐点亮，此时模型库中出现"收藏卡"选项，通过"收藏卡"，用户可以快速找到之前收藏的模型（图 14-3）。

3. 图层

在"场景编辑"模式下，屏幕左上方为"图层"面板。当图层面板显示为 **1 👁**，表明当前图层为 1。鼠标移动到👁图标上，场景中所有的图层编号全部显示，单击相应名称即可进入对应图层。

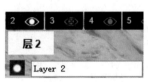

图 14-4　图层

但出现👁图标时，其左侧的编号对应的图层属于关闭状态，该图层上的对象将不在场景中显示。

"图层"面板右侧的"图层添加"按钮✚用来添加新图层。在 Lumion8.0 场景中，编号大的图层模型被优先显示。为了便于明晰各图层的内容，可以对图层进行重命名（图 14-4）。

14.1.2　编辑模型

1. 移动物体 ✚

在场景中移动模型。移动时配合 Alt 键可以进行复制；配合 Shift 键可以保持高度不变。在模型移动时屏幕右上方出现"位置"信息框，从上到下分别表示红轴、绿轴、蓝轴的坐标，修改其中的参数可以精确模型位置（图 14-5）。

2. 调整尺寸 ◆

改变场景中模型大小的尺寸。

3. 调整高度 ◆

调整场景中模型垂直高度。

4. 绕 Y 轴旋转 ◑

调整场景中模型的朝向，同时系统会自动捕捉正东、正南、正西、正北的位置。配合 Shift 键可以关闭旋转角度捕捉；在多物体同时旋转时，配合"K"键，可以使鼠标位置与物体的关系独立，以保证每个物体都有不同的旋转角度。

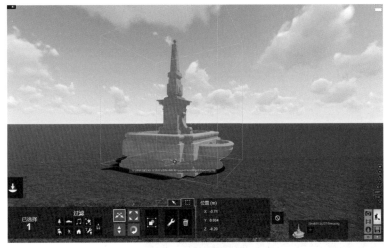

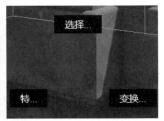

图 14-5 移动物体

图 14-6 关联菜单

5. 关联菜单

通过该命令可以选择类似的模型，并对其大小、高度、朝向等参数进行统一调节。关联菜单中包括"选择"、"变换"、"特"等工具按钮（图 14-6）。

（1）"特"工具可安置类目在节点、标记为地形。其中安置类目在节点包括在当前节点放置树木和在当前节点安置光源；标记为地形包括开启（将锁定模型）和关闭（将解锁模型）。

（2）"选择"工具包括"选择相同的对象"、"库"、"选择类别中的所有对象"、"删除选定"、"选择"、"取消选择"、"取消所有选择"工具命令（图 14-7）。

选择相同的对象：选择与被选模型对应的所有类似模型。

库：该命令分为"将所选模型设为库的当前模型"和"用库的当前模型替换所有的模型"两个命令。

选择类别中的所有对象：选择所有插入场景中的模型。

删除选定：删除当前选择的模型。

选择：选择被选模型对应的模型。

取消选择：在当前选择的集合中减去被选模型对应的模型。

取消所有选择：取消当前所有的选择。

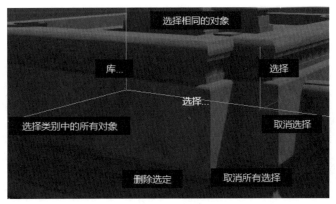

图 14-7 选择

(3)"变换"工具包括"重置大小旋转"、"锁定位置"、"相同旋转"、"相同高度"、"随机选择"、"XZ 空间"、"对齐"、"地面上放置"等 8 个命令（图 14—8）。

重置大小旋转：重置当前所选模型的大小和旋转角度。

锁定位置：锁定当前选择的模型，被锁定的模型将不能进行编辑。

相同旋转：使当前所选模型的角度保持一致。

相同高度：使当前所选模型的高度保持一致。

随机选择：随机排列、旋转、缩放当前所选的模型。

XZ 空间：当前所选模型按照一定间距直线排列。

对齐：当前所选模型全部对齐到同一插入点。

地面上放置：将当前所选模型以插入点为基准对齐到地面。

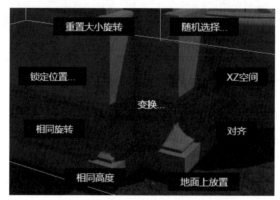

图 14—8　变换

6. 删除物体 🗑

用于删除场景中不需要的模型。单击"删除物体"按钮🗑，场景中的模型上就会出现白色的圆点⬤，点击该圆点即可删除该模型。

■ **任务实施**

通过本任务的学习，尝试将 SketchUp 中创建的模型导入到 Lumion8.0 中，并对 Lumion8.0 场景和模型进行编辑（图 14—9）。

图 14—9　完成导入模型

任务 14.2　场景输出

■ 任务引入

将已导入到 Lumion8.0 中的模型和创建好的场景进行不同类型模式的输出。

本节的任务是掌握 Lumion8.0 拍照模式输出、动画模式输出以及全景输出。

■ 知识链接

14.2.1　拍照模式输出

点击场景右下角"拍照模式"按钮 ，进入拍照模式。通过该模式可以进行场景单帧效果输出。包括"效果预览窗口"、"拍照编辑窗口"、"特效编辑窗口"三部分（图 14-10）。

1. 效果预览窗口

在预览窗口中采用与场景编辑模式相同的操作方式，可调整摄像机拍摄角度。同时，控制预览窗口下方的滑杆，可以改变摄像机的焦距。另外，该窗口也起到了渲染时提供即时预览的功能（图 14-10）。

图 14-10　效果预览窗口

2. 拍照编辑窗口

（1）添加保存相机视口。

具体操作步骤：

Step1：在预览窗口将场景调整到合适的角度。

Step2：将鼠标移动到场景下方的缩略图上，单击"保存相机视口"按钮 ，或利用键盘上的"Ctrl+ 数字键"，即可保存当前场景照片（图 14-11）。

Step3：如需切换到之前保存的场景角度,可单击对应场景的缩略图,或利用键盘上的"Shift+数字键"实现。

图 14-11　保存相机视口

（2）渲染单帧图片。

具体操作步骤：

Step1：点击屏幕右下角的"拍照模式"按钮 ，移动摄像机找到合适的静帧出图角度。通过"Ctrl+数字键"将当前的镜头保存，后续可通过"Shift+ 相应的数字键"以恢复当前镜头（图 14-12）。

图 14-12　保存相机

Step2：点击"渲染照片"按钮 ，弹出"渲染照片"面板，可渲染"当前拍摄"照片和"照片集"中所有保存镜头（图 14-13）。

Step3：点击面板下方"渲染当前拍照"或"渲染所选的照片集"，选择出图质量，Lumion8.0 中提供了四种渲染质量（图 14-14）。

（a）当前拍摄

图 14-13　渲染照片

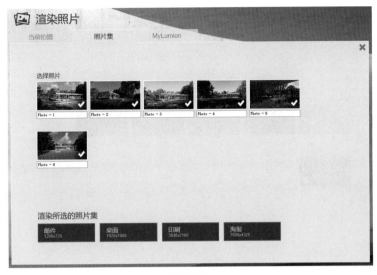

（b）照片集

图 14-13　渲染照片（续）

图 14-14　渲染质量

Step4：选择其中一种渲染质量按钮，弹出"另存为"对话框，确定保存路径、文件名称和保存类型后，按"保存"键结束。渲染静帧图片所需要的时间与电脑配置相关。渲染结束后，图片可在保存路径中找到。

Step5：同时，Lumion8.0还提供了，将"当前拍摄"和"照片集"渲染上传至"MyLumion"云端个人账号的服务。点击"上传到MyLumion"按钮，将建立网络连接（图 14-15）。

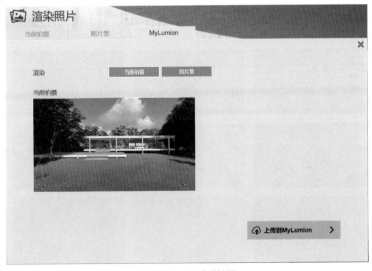

（a）MyLumion 当前拍摄

图 14-15　MyLumion

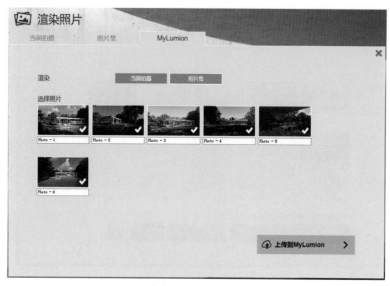

（b）MyLumion 照片集

图 14-15　MyLumion（续）

3.特效编辑窗口

（1）修改标题：在屏幕左上方，"修改标题"栏显示内容为当前照片名称，可以手动对名称进行修改。点击"修改标题"栏右侧"菜单"按钮███，弹出黑底白字提示按钮"编辑"和"文件"（图 14-16）。可进行"复制"、"粘贴"、"清除"、"保存效果"及"载入效果"等操作。

（2）更改自定义风格：点击"自定义风格"按钮 ⬡ **自定义风格**（图 14-12），可以选择系统预制的一种自定义风格和八种风格按钮（图 14-17）。

进入任意风格，可在"添加效果"按钮 **FX** 中选择照片效果，并添加不同的特效（图 14-18）。

图 14-16　"编辑"和"文件"

通过向下、向上移动效果按钮███，调整特效命令位置。

图 14-17　选择风格

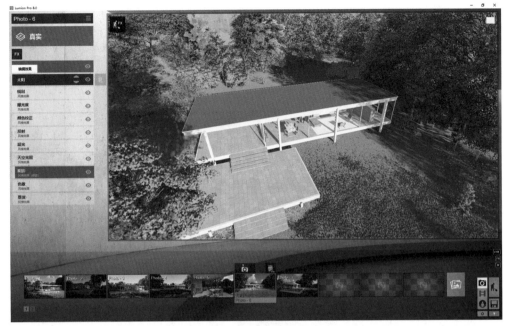

图 14-18　添加效果

通过点击"关闭效果"按钮 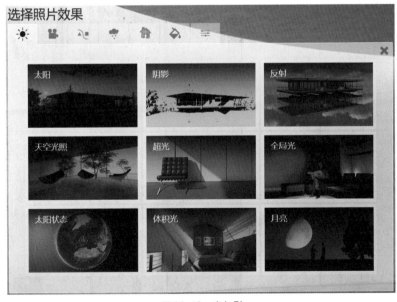，打开或关闭所添加特效。

通过双击"垃圾桶"按钮，删除所添加特效。

（3）添加效果：通过点击"添加效果"按钮 **FX**，进入"选择照片效果"面板。可供选择效果如下：

①光与影☀："光与影"效果标签中包含了"太阳"、"阴影"、"反射"、"天空光照"、"超光"、"全局光"、"太阳状态"、"体积光"和"月亮"九种效果（图 14-19）。通过点击缩略图进入相应效果，并利用特效面板对其进行调节。

图 14-19　光与影

a. 太阳：可通过特效面板中的各滑杆来实现对"太阳高度"、"太阳绕 Y 轴旋转"、"太阳亮度"、"太阳圆盘大小"等参数的调节。在参数调节的过程中，通过屏幕右上方的预览窗口，观察参数变化后场景的效果（图 14—20）。

b. 阴影：在"阴影"特效面板中可对"太阳阴影范围"、"染色"、"亮度"、"室内／室外"、"omnishadow"、"阴影校正"、"影子类型"、"软阴影"、"细部阴影"等参数进行调节（图 14—21）。

c. 反射：在"反射"特效面板中可对"编辑" 、"减少闪烁"、"反射阀值"、"预览质量"、"Speedray 反射"等参数进行调节（图 14—22）。

图 14—21 "阴影"特效面板

图 14—20 "太阳"特效面板

图 14—22 "反射"特效面板

其中，点击"编辑"按钮 ，可选择场景中带有反射材质的物体进行局部调整。

d. 天空光照：在"天空光照"特效面板中可对"亮度"、"饱和度"、"天空光照在平面反射中"、"天空光在投射反射中"、"渲染质量"等参数进行调节（图 14—23）。

"渲染质量"可选择"法线"和"高"两种。其中"法线"渲染速度快，但质量较低；"高"渲染速度慢，但质量较高。

图 14—23 "天空光照"特效面板

e. 超光：在"超光"特效面板中可对"数量"参数进行调节。之前给照片添加的"超光"特效现在可以在动画特效里添加，使场景得到更好的照明质量（图 14—24）。

f. 全局光：在"全局光"特效面板中可对"编辑"选择灯光按钮 、"阳光量"、"衰减速度"、"减少斑点"、"阳光最大作用距离"、"预览点光源全局光及阴影"等参数进行调节（图 14—25）。

其中，点击"编辑"选择灯光按钮 ，可选择场景中光域，单独调节聚光灯 GI 强度。

图 14-24 "超光"特效面板

图 14-25 "全局光"特效面板

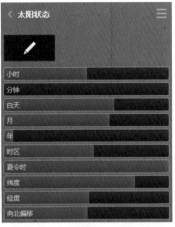

图 14-26 "太阳状态"特效面板

g.太阳状态:在"太阳状态"特效面板中可对"编辑"按钮 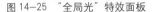、"小时"、"分钟"、"白天"、"月"、"年"、"时区"、"夏令时"、"纬度"、"经度"、"向北偏移"等参数进行调节(图14-26)。

其中,点击"编辑"按钮 ,进入太阳状态调整模式。可通过鼠标右键拖拽地球仪调整当前位置,滚动鼠标中键精确位置,点击鼠标左键确定太阳位置,按 完成设定(图14-27)。

h.体积光:

在"体积光"特效面板中可对"亮度"、"范围"参数进行调节(图14-28)。

i.月亮:在"月亮"特效面板中可对"月亮高度"、"月亮位置"、"月亮尺寸"参数进行调节(图14-29)。

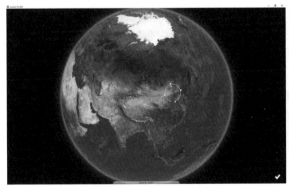

图 14-27 编辑太阳状态

图 14-28 "体积光"特效面板

图 14-29 "月亮"特效面板

②相机 :"相机"效果标签中包含了"手持相机"、"曝光度"、"2点透视"、"景深"、"镜头光晕"、"色散"、"鱼眼"和"移轴摄影"八种效果(图14-30)。通过点击缩略图进入相应效果,并利用特效面板对其进行调节。

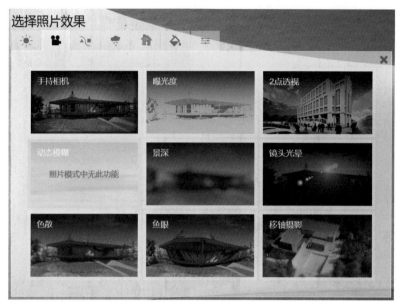

图 14-30　相机

a. 手持相机：在"手持相机"特效面板中可对"摇晃强度"、"胶片年龄"、"径向渐变开／关"、"径向渐变强度"、"径向渐变饱和度"、"倾斜"和"焦距"等参数进行调节（图 14-31）。

b. 曝光度：可对"曝光度"参数进行调节。

c. 2 点透视：可对"2 点透视"开关进行调节。

d. 景深：在"景深"特效面板中可对"数量"、"前景／背景"、"对焦距离"、"锐化区域尺寸"、"自动对焦"、"编辑"按钮 、"变焦效果"等进行调节（图 14-32）。

图 14-31　"手持相机"特效面板

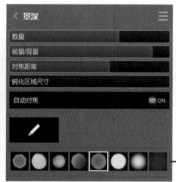

图 14-32　"景深"特效面板

通过打开"自动对焦"开关 ![自动对焦 ON]，在场景中点击鼠标左键确定自动对焦点。

通过切换"变焦效果"形成不同景深效果（图 14-33）。

e. 镜头光晕：在"镜头光晕"特效面板中可对"光斑强度"、"光斑自转"、"光斑数量"、"光斑散射"、"光斑衰减"、"泛光强度"、"主亮度"、"条纹变形强度"、"残像强度"、"独立像素亮度"、

图 14-33　景深变焦效果

"光环强度"和"镜头污迹强度"等参数进行调节（图 14-34）。

　　f.色散：在"色散"特效面板中可对"分散"、"影响范围"和"自成影"等参数进行调节（图 14-35、图 14-36）。

　　g.鱼眼：在"鱼眼"特效面板中可对"扭曲"参数进行调节（图 14-37）。

　　h.移轴摄影：在"移轴摄影"特效面板中可对"数量"、"变换量"、"旋转"和"锐化区域

图 14-34　"镜头光晕"特效面板　　图 14-35　"色散"特效面板

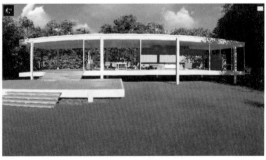

图 14-36　色散效果　　　　　　　　图 14-37　鱼眼效果

图 14-38 "移轴摄影"特效面板 　　　　　图 14-39　移轴摄影效果

尺寸"等参数进行调节（图14-38、图14-39）。

　　③场景和动画 ："场景和动画"效果标签中包含了"近剪裁平面"、"变动控制"、"时间扭曲"、"层可见性"和"动画灯光颜色"五种效果（图14-40）。通过点击缩略图进入相应效果，并利用特效面板对其进行调节。

图 14-40　场景和动画

　　a. 近剪裁平面：可对"近剪裁平面"等参数进行调节。

　　b. 变动控制：在"变动控制"特效面板中可对"编辑"按钮 ✏ 、"当前变化"等进行调节（图14-41）。

　　c. 时间扭曲：在"时间扭曲"特效面板中可对"偏移已导入带有动画的角色和动物"、"偏移已导入带有动画的模型"等参数进行调节（图14-42）。

　　d. 层可见性：在"层可见性"特效面板中点击层编号即可显示相应图层（图14-43）。

　　e. 动画灯光颜色：在"动画灯光颜色"特效面板中可对"选择灯光"按钮 💡 、"红色"、"绿色"、"蓝色"等进行调节（图14-44）。

图 14-41　"变动控制"特效面板

图 14-42　"时间扭曲"特效面板

图 14-43　"层可见性"特效面板

图 14-44　"动画灯光颜色"特效面板

④天气和气候💨："天气和气候"效果标签中包含了"天空和云"、"雾气"、"雨"、"雪"、"凝结"、"体积云"、"地平线云"和"秋季颜色"八种效果（图14-45）。通过点击缩略图进入相应效果，并利用特效面板对其进行调节。

图 14-45　天气和气候

a.天空和云：在"天空和云"特效面板中可对"位置"、"云彩速度"、"主云量"、"低空云"、"高空云"、"云彩方向"、"云彩亮度"、"云彩柔软度"、"低空云软化消除"、"天空亮度"、"云顶置"、"高空云顶置"、"在视频中渲染高质量云"和"整体亮度"等参数进行调节（图14-46）。

b.雾气：在"雾气"特效面板中可对"雾气密度"、"雾衰减"、"雾气亮度"、"亮度"等参数进行调节（图14-47、图14-48）。

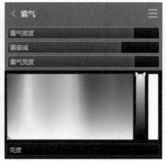

图14-46 "天空和云"特效面板　图14-47 "雾气"特效面板　图14-48 雾气效果

c. 雨：在"雨"特效面板中可对"雨滴密度"、"失真矫正"、"多云"、"风向 X"、"风向 Y"和"降雨速度"等参数进行调节（图14-49、图14-50）。

图14-49 "雨"特效面板　图14-50 雨效果

d. 雪：在"雪"特效面板中可对"雪密度"、"雪层"、"多云"、"风向 X"、"风向 Y"和"速度"等参数进行调节（图14-51、图14-52）。

图14-51 "雪"特效面板　图14-52 雪效果

e. 凝结：在"凝结"特效面板中可对"植物"、"径长度"和"随机分布"等参数进行调节（图14-53）。

f. 体积云：在"体积云"特效面板中可对"数量"、"高度"、"柔化"、"去除圆滑"、"位置"、"速度"、"亮度"和"预设"等参数进行调节（图14-54、图14-55）。

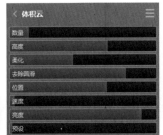

图 14-53 "凝结"特效面板　　　图 14-54 "体积云"特效面板　　　　　图 14-55 体积云效果

g. 地平线云：在"地平线云"特效面板中可对"数量"、"类型"进行调节（图 14-56）。

h. 秋季颜色：

在"秋季颜色"特效面板中可对"色相"、"饱和度"、"范围"、"色相变化"和"层"等参数进行调节（图 14-57）。

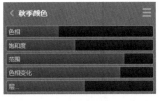

图 14-56 "地平线云"特效面板　　　图 14-57 "秋季颜色"特效面板

⑤草图 🏠："草图"效果标签中包含了"勾线"、"绘画"、"粉彩素描"、"水彩"、"草图"、"漫画1"、"漫画2"、"油画"和"蓝图"九种效果。

草图中提供了两个"漫画"效果，本书为区分将两者称为"漫画1"和"漫画2"（图 14-58）。

图 14-58 草图

a. 勾线：在"勾线"特效面板中可对"颜色变化"、"透明度"和"边线宽度"等参数进行调节（图14-59、图14-60）。

图14-59　"勾线"特效面板　　　　　　图14-60　勾线效果

b. 绘画：在"绘画"特效面板中可对"涂抹尺寸"、"风格"、"印象"、"细节"和"随机偏移"等参数进行调节（图14-61、图14-62）。

图14-61　"绘画"特效面板　　　　　　图14-62　绘画效果

c. 粉彩素描：在"粉彩素描"特效面板中可对"精度"、"概念风格"、"边线宽度"、"线段长度"、"边线淡出"、"边线风格"、"白色边线"、"彩色边沿"、"深度边沿"和"边缘厚度"等参数进行调节（图14-63、图14-64）。

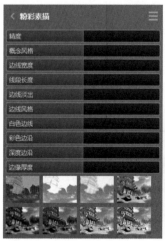

图14-63　"粉彩素描"特效面板　　　　图14-64　粉彩素描效果

d. 水彩：在"水彩"特效面板中可对"精度"、"径向精度"、"深度精度"、"距离"、"白色增益"和"动态"等参数进行调节（图14-65、图14-66）。

图14-65 "水彩"特效面板　　　　　　图14-66 水彩效果

e. 草图：在"草图"特效面板中可对"精度"、"草图风格"、"对比度"、"染色"、"外形淡出"和"动态"等参数进行调节（图14-67、图14-68）。

图14-67 "草图"特效面板　　　　　　图14-68 草图效果

f. 漫画1：在"漫画1"特效面板中可对"填充方法"、"描边 VS 填充"、"色调数"、"染色"和"图案"等参数进行调节（图14-69、图14-70）。

图14-69 "漫画1"特效面板　　　　　　图14-70 漫画1效果

g. 漫画2：在"漫画2"特效面板中可对"边线－宽度"、"边线－透明度"、"色调分离－量"、"色调分离－曲线"、"色调分离－黑色级别"、"饱和度"和"白色填充"等参数进行调节（图14-71、图14-72）。

图 14-71 "漫画 2"特效面板

图 14-72 漫画 2 效果

h. 油画：在"油画"特效面板中可对"绘画风格"、"笔刷细节"和"硬边缘"等参数进行调节（图 14-73、图 14-74）。

图 14-73 "油画"特效面板

图 14-74 油画效果

i. 蓝图：在"蓝图"特效面板中可对"时间"和"网络缩放"进行调节（图 14-75、图 14-76）。

图 14-75 "蓝图"特效面板

图 14-76 蓝图效果

⑥颜色 ◆："颜色"效果标签中包含了"颜色校正"、"模拟色彩实验室"、"暗角"、"锐利"、"泛光"、"噪音"、"选择饱和度"和"漂白"八种效果（图 14-77）。通过点击缩略图进入相应效果，并利用特效面板对其进行调节。

a. 颜色校正：在"颜色校正"特效面板中可对"温度"、"着色"、"颜色校正"、"亮度"、"对比度"、"饱和度"、"伽马"、"限制最低值"和"限制最高值"等参数进行调节（图 14-78、图 14-79）。

b. 模拟色彩实验室：在"模拟色彩实验室"特效面板中可对"风格"和"数量"进行调节（图 14-80、图 14-81）。

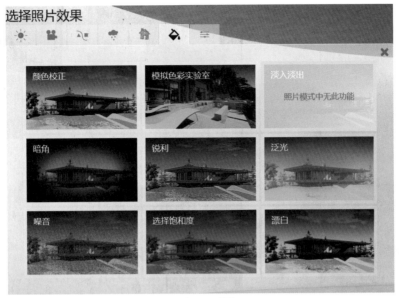

图14-77　颜色

图14-78　"颜色校正"特效面板

图14-79　颜色校正效果

图14-80　"模拟色彩实验室"特效面板

图14-81　模拟色彩实验室效果

　　c.暗角：在"暗角"特效面板中可对"暗角强度"和"暗角柔化"进行调节（图14-82、图14-83）。

　　d.锐利：可对锐利"强度"进行调节（图14-84）。

　　e.泛光：可对泛光"数量"进行调节（图14-85）。

图 14-82 "暗角"特效面板　　　　　　图 14-83 暗角效果

图 14-84 锐利效果　　　　　　　　图 14-85 泛光效果

f. 噪音：在"噪音"特效面板中可对"强度"、"颜色"和"尺寸"等参数进行调节（图14-86、图14-87）。

图 14-86 "噪音"特效面板　　　　　　图 14-87 噪音效果

g. 选择饱和度：在"选择饱和度"特效面板中可对"颜色选择"、"范围"、"饱和度"、"黑暗"和"残余颜色饱和度下降"等参数进行调节（图14-88、图14-89）。

图 14-88 "选择饱和度"特效面板　　　　图 14-89 选择饱和度效果

h. 漂白：可对漂白"数量"进行调节（图14—90）。

图14—90 漂白效果

⑦各种 ≡："各种"效果标签中包含了"图像叠加"、"泡沫"、"体积光"、"水"和"材质高亮"五种效果（图14—91）。通过点击缩略图进入相应效果，并利用特效面板对其进行调节。

图14—91 各种

a. 图像叠加："图像叠加"特效面板中可通过"选择文件"按钮 ⬆ 选择需要导入到场景中进行叠加的图像。利用"渐入"调节条，调整图形叠加效果（图14—92、图14—93）。

图14—92 "图像叠加"特效面板

图14—93 图像叠加效果

b. 泡沫：在"泡沫"特效面板中可对"漫射"和"减少噪点"进行调节（图14—94、图14—95）。

图 14-94 "泡沫"特效面板

图 14-95 泡沫效果

c. 体积光：在"体积光"特效面板中可对"衰变"、"长度"和"强度"进行调节（图 14-96、图 14-97）。

d. 水：可对"水下"和"海洋"参数进行调节（图 14-98）。

图 14-96 "体积光"特效面板

图 14-97 体积光效果

图 14-98 "水"特效面板

e. 材质高亮："材质高亮"特效面板中可对"编辑"按钮 、"调色面板"和"风格"进行调节（图 14-99、图 14-100）。

图 14-99 "材质高亮"特效面板

图 14-100 材质高亮效果

14.2.2 动画模式输出

点击场景右下角"动画模式"按钮 ，进入动画模式。通过该模式可以进行动画制作，包括"动画预览窗口"、"动画编辑窗口"、"特效编辑窗口"三部分。

1. 动画预览窗口

动画预览窗口主要用于预览已经录制好的动画。在预览窗口下方有个时间轴，任意选择一个动画片段，点击"播放"按钮，即可预览该动画。在自动播放停止情况下，也可以自行拖动红色时间轴，预览动画片段。

2. 动画编辑窗口

动画编辑窗口主要用于添加视频、动画、图片以及录制和保存动画。

（1）添加编辑动画：在未制作过动画的场景中，点击"动画模式"按钮 ⊞，会出现如图 14-101 所示的画面。已录制好的动画则会以缩略图方式出现在下方有标号的方框内，每张缩略图代表一个动画片段。

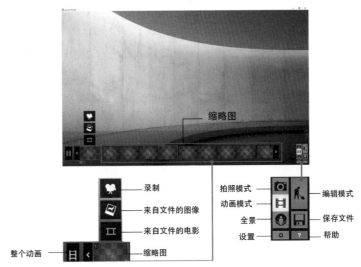

图 14-101　动画模式

选择任意缩略图，会在其上方出现"录制" ✿、"来自文件的图像" ◪、"来自文件的电影" Ⅱ 三个按钮。

①录制。

具体操作步骤：

Step1：点击"录制"按钮 ✿，进入"录制动画"面板，即可开始录制动画（图 14-102）。

图 14-102　录制动画

Step2：在录制视频的窗口中可以通过鼠标右键、键盘方向以及焦距滑杆的配合使用来调节镜头。

Step3：确定好镜头，在录制关键帧时，点击画面中的"拍摄照片"按钮📷。（由于Lumion8.0具有自动生成完成动画的功能，因此在制作动画时只要录制关键帧即可）

Step4：调节"时间"按钮，确定该动画片段的时间，点击确认✅即可录制好一个动画片段。

②来自文件的图像：点击"来自文件的图像"按钮🖼，弹出"打开"对话框。选择需要添加的图片并打开，即可将图片当成一个动画片段插入播放列表中。动画列表中可添加的图片格式包括 BMP、JPG、TGA、DDS、PNG、TIFF。

③来自文件的电影：点击"来自文件的电影"按钮，弹出"打开"对话框。选择一个 MP4格式的视频，即可将该视频片段插入到播放列表中。

（2）编辑动画片段：在录制好的动画缩略图上点击鼠标左键，上方即出现"编辑片段"按钮✏、"渲染片段"按钮🖼、"删除（双击）"按钮🗑（图 14-103）。

（3）渲染影片：当整个动画录制完成之后，点击画面右下方的"渲染影片"按钮🔲，弹出如图 14-103 所示的"渲染"面板，完成影片渲染。影片视频可保存成不同的文件格式。

①整个动画：将整个影片渲染为 MP4 视频文件，具体应设置以下参数（图 14-104）：

输出品质：5 星表示产品级质量（全特效，16X 抗锯齿）。星数越少渲染质量越低。

每秒帧数：一般渲染视频每秒 30 帧。帧数越高越清晰。

视频清晰度：小（640×360）、高清（1280×720）、全高清（1920×1080）、四倍高清（2560×1440）、超高清（4K，3840×2160）。

图 14-103 渲染影片

图 14-104 整个动画

②当前拍摄：从影片中渲染当前帧（图 14-105）。可保存成 BMP、JPG、TGA、DDS、PNG格式的图片。

D：保存深度图。

N：保存法线图。

S：保存高光反射通道。

L：保存灯光通道图。

A：保存天空 Alpha 通道图。

M：保存材质 ID 图。

渲染当前拍摄为图像文件分为：邮件（1280×720）、桌面（1920×1080）、印刷（3840×2160）、海报（7680×4320）。

图 14-105　当前拍摄

③图像序列：可将制作完成的视频保存成 BMP、JPG、TGA、DDS、PNG、DIB、PEM 等图片格式，即把视频转化成图像序列。

"帧范围"包括"所有帧"、"关键帧"和"范围"。

该选项对应的选项卡所涉及的其他参数与"整个动画"和"当前拍摄"选项相同，这里不多做解释（图 14—106）。

图 14—106　图像序列

④ MyLumion：把当前渲染动画上传到 MyLumion 云端。"输出品质"与"每秒帧数"的调节与"整个动画"相同，这里不多做解释（图 14—107）。

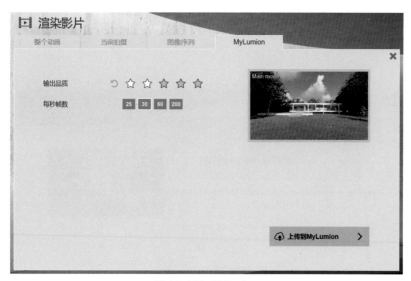

图 14—107　MyLumion

3. 特效编辑窗口

特效编辑窗口与"拍照模式输出"中的特效编辑存在很多相同之处。其中，"修改标题"和"更改自定义风格"内容一致，"添加效果"部分内容一致。因此，对涉及内容一致部分将不做说明。

通过点击"添加效果"按钮 **FX**，进入"选择剪辑效果"面板，可供选择效果如下：

①光与影 ☀：此部分内容与"拍照模式"下"选择照片效果"面板内容一致，不做解释。

②相机 🎥：此部分内容除"动态模糊"模式被开启外，其余与"拍照模式"下"选择照片效果"面板内容一致（图14-108）。

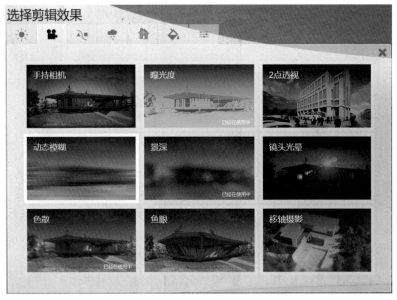

图14-108　相机

动态模糊：点击缩略图 ，预览窗口调节场景中的"动态模糊"效果。可对其"数量"条进行调节。

③场景和动画 🎞：此部分内容除"群体移动"、"移动"、"高级移动"、"天空下降"模式被开启外，其余与"拍照模式"下"选择照片效果"面板内容一致（图14-109）。

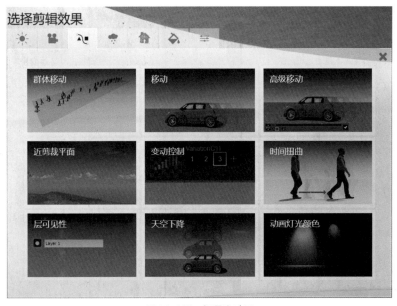

图14-109　场景和动画

a. 群体移动：通过此操作可以完成目标群体在场景中的空间运动。

具体操作步骤：

Step1：点击缩略图 ，进入"群体移动"编辑页面。

Step2：点击"编辑"按钮 ，在场景中按住鼠标左键并拖动，形成群体移动路径。路径生成后通过两端白色圆点和中间十字光标对路径进行编辑（图 14-110）。

图 14-110　生成路径

Step3：通过"路径宽度"控制条调节路径宽度；通过"车／物体　速度"控制条调节路径内物体的移动速度（图 14-111）。

图 14-111　控制路径宽度

Step4：同时可以通过"人物显示开关" 、"车辆显示开关" ，、"已输出物体显示开关" 、"双方向开关" 控制路径内物体的显示类型和移动方向。

Step5：设置完成后点击确认按钮✔结束命令。

b. 移动：通过此操作可以完成目标物体在场景中的空间直线运动。

具体操作步骤：

Step1：点击缩略图 ，进入"移动"编辑页面。

Step2：点击"编辑"按钮 ，进入移动"编辑"界面（图14-112a）。在屏幕下方出现编辑面板（图14-112b）。

Step3：点击"开始位置"按钮◀，确定物体的初始位置（图14-112b）。

（a）　　　　　　　　（b）

图14-112　移动编辑

Step4：用"移动"命令⊠，点击物体插入点，移动至目标位置处。点击"结束位置"▶完成位移设置（图14-113）。

图14-113　完成移动编辑

c. 高级移动：通过此操作可以完成目标物体在场景中的多点、多线路运动。

具体操作步骤：

Step1：点击缩略图 ，进入"高级移动"编辑页面。

Step2：点击"编辑"按钮 ，进入高级移动"编辑"界面（图14-114a）。在屏幕下方出现编辑条（图14-114b）。

Step3：点击物体上控制点并拖动，使其变更位置。并在红色"时间轴"上调整关键帧位置。通过时间控制范围按钮 ，控制移动速度（图14-114b）。

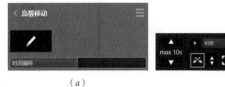

（a）　　　　　　　　　　　　　　　（b）

图 14—114　编辑高级移动

Step4：点击〝确认〞按钮✔完成位移设置（图 14—115）。

图 14—115　完成编辑高级移动

d. 天空下降：通过此操作可以完成目标物体在场景中的空间下降运动。

具体操作步骤：

Step1：点击缩略图███，进入〝天空下降〞编辑页面。

Step2：点击〝编辑〞按钮███，进入天空下降〝编辑〞界面（图 14—116）。

Step3：依次选择要下降的物体。注意：先着地的物体要优先选择，如图 14—117 所示。

图 14—116　天空下降

图 14—117　编辑天空下降

Step4：点击"确认"按钮☑️返回编辑页面。

Step5：通过"偏移"、"持续时间"、"距离"等对降落物体进行参数设置（图14—118）。

图14—118　完成编辑天空下降

Step6：设置效果可通过播放动画片段进行预览。

④天气和气候🌧️：此部分内容除"风"模式被开启外，其余与"拍照模式"下"选择照片效果"面板内容一致，不多做解释（图14—119）。

图14—119　天气和气候

风：点击缩略图进入编辑页面，可以通过"创建关键帧"控制条，调节"植物风力大小"完成各种逼真的风吹效果。

⑤草图 🏠：此部分内容与"拍照模式"下"选择照片效果"面板内容完全一致。

⑥颜色 🎨：此部分内容除"淡入淡出"模式被开启外，其余与"拍照模式"下"选择照片效果"面板内容一致（图14-120）。

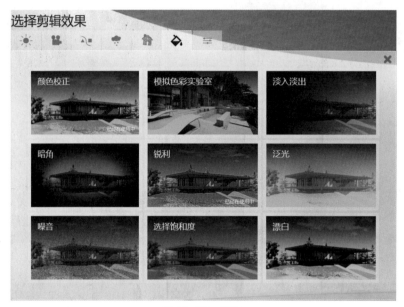

图14-120　颜色

图14-121　"淡入淡出"编辑页面

淡入淡出：点击缩略图 ，进入编辑页面调节场景中的"淡入淡出"效果。在"淡入淡出"特效面板中可对"持续时间"、"输出持续时间"参数以及四种模式（四种模式："黑色"、"白色"、"模糊"、"黑色模糊"）进行调节（图14-121、图14-122）。

（a）黑色淡入淡出　　　　　　　　　　　　　　（b）白色淡入淡出

图14-122　"淡入淡出"效果

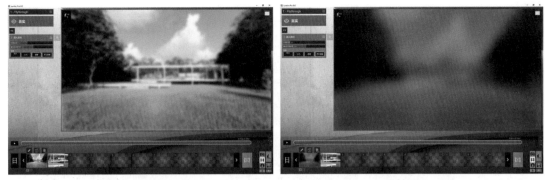

（c）模糊淡入淡出　　　　　　　　　　　（d）黑色模糊淡入淡出

图 14—122　"淡入淡出"效果（续）

⑦各种 ≡：此部分内容除"标题"、"并排 3D 立体"和"声音"模式被开启外，其余与"拍照模式"下"选择照片效果"面板内容一致，如图 14—123 所示。

注："标题"和"并排 3D 立体"只适用于整个动画。

图 14—123　各种

a. 标题。

具体操作步骤：

Step1：点击缩略图进入"标题"编辑页面（图 14—124）。点击"编辑"按钮 ✏，进入"标志"和"风格"面板（图 14—124）。

Step2：可在"标志"面板中添加图像文件；可在"风格"面板中选择特效文字风格，确定文字出现位置、字体及颜色。

Step3：点"确定"按钮 ✔ 回到"标题"编辑页面。在"标题"编辑页面白色文字输入区内，键入需要在动画中出现的标题文字。

（a）"标题"编辑页面　　　　　　　　（b）"标志与风格"面板

图 14-124　更改标志与风格

　　同时，可通过调节"开始时间"、"持续时间"、"输入／输出持续时间"、"文字大小"、"标志尺寸"等参数完成标题在动画场景中的设置（图 14-125）。

　　b. 并排 3D 立体：点击缩略图 ，预览窗口调节场景中的"并排 3D 立体"效果。在"并排 3D 立体"特效面板中可对"眼距"、"对焦距离"参数以及两种设置模式（两种模式："左－右"、"右－左"）进行调节（图 14-126）。

　　c. 声音：在"声音"特效面板中对"选择文件" 、"特殊效果"、"音乐"等进行调节，为整部动画添加背景音乐（图 14-127）。

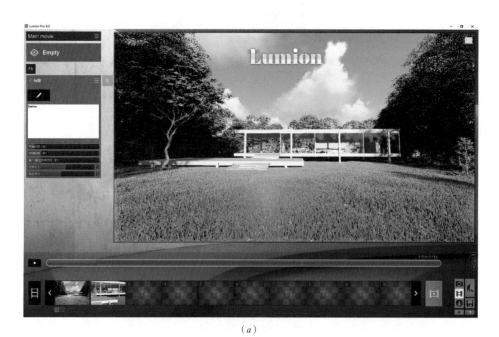

（a）

图 14-125　标题

（b）

图 14-125　标题（续）

图 14-126　"并排 3D 立体"特效面板

图 14-127　"声音"特效面板

14.2.3　全景输出

点击场景右下角"全景输出"按钮，进入全景输出模式。通过该模式可以进行全景照片、VR 全景等操作。

1. 全景预览窗口

可通过键盘、鼠标共同配合，以确定场景中摄像机站点、位置和视高。

2. 全景编辑窗口

动画编辑窗口主要用于保存相机视点、用于渲染 360°全景 VR 图像、渲染并上传到 MyLumion 云端等操作。

（1）保存相机视点：与"拍照模式"和"动画模式"操作方式相同，这里不多做解释。

（2）全景 VR 图像：点击"VR 全景"按钮，进入 VR 全景设置界面，可对"品质"、"立体眼镜"、"目标设备"、"等角矩形分辨率"和"隐藏高级设置"等参数进行设置（图 14-128）。

（3）MyLumion：点击"MyLumion"按钮，进入网络连接界面，对当前场景进行渲染并上传至 MyLumion 云端。

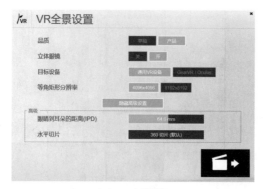

（a）VR 全景设置

（b）渲染

图 14-128　VR 渲染全景

■ 任务实施

通过本任务的学习，尝试将 Lumion8.0 中模型输出为图片、动画或全景形式。

15

项目十五　Lumion8.0

综合案例

【项目描述】

广场作为城市的公共开放空间，不仅是城市居民的主要休闲娱乐场所，也是城市文化传播中心。本项目将以某城市商业广场景观设计为例，展开 Lumion8.0 使用过程全解析。

【项目目标】

1. 熟练掌握 Lumion8.0 的材质编辑和配景布置。
2. 熟练掌握 Lumion8.0 场景创建与编辑。
3. 能够利用场景特效完成各类场景不同风格的创建。
4. 掌握 Lumion8.0 拍照模式、动画模式。

【项目要求】

1. 将 SketchUp 文件导入 Lumion8.0 中，创建 Lumion 场景。
2. 为导入的模型赋予材质。
3. 根据设计要求和场景特点插入各类配景。
4. 为场景设置特效风格。
5. 需导出单帧照片和动画两种形式。

其中，单帧照片不少于 4 张，动画制作不少于 10″。

■ 模型整理

在导出模型前，要从模型的正反面、模型单位、距离原点位置等多方面检查模型。

Step1：设置 SketchUp 的显示方式为单色模式，然后检查模型，如果有反面则需要将其反转（图 15-1）。

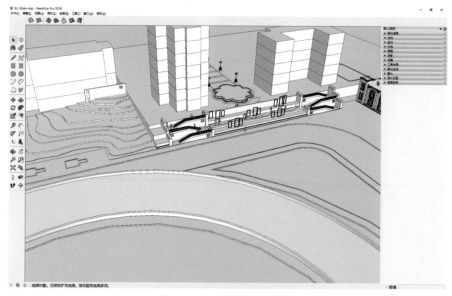

图 15-1 原始模型单色模式

Step2：在之后的Lumion8.0表现中，同一颜色或材质的表面会在材质编辑时被同时选中，无法拆分开来，因此在SketchUp中每一类表面都需要被填充不同颜色或特定材质。

Step3：打开"模型信息"对话框，检查并确保模型单位为毫米（图15-2）。

Step4：在"模型信息"对话框的"统计信息"选项中，点击"清除未使用项"按钮，清理模型中未使用的组件、材质等，以减小文件大小，提高模型编辑或显示效率；点击"修正问题"按钮以修正模型中可能存在的错误（图15-3）。

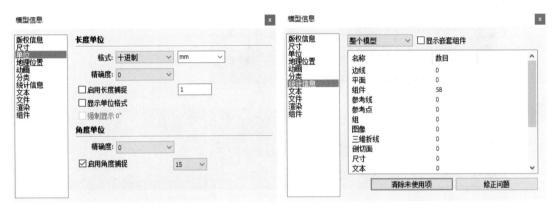

图15-2　确定模型单位　　　　　　图15-3　清除未使用项

Step5：清理组件。打开"组件"库，点击"详细信息"按钮 ➡，在弹出的菜单中选择"消除未使用项"菜单项。

Step6：清理材质。打开"材质库"，点击"在模型中的样式"按钮 🏠，点击"详细信息"按钮 ➡，在弹出的菜单项中点击"清除未使用项"菜单项。进一步检查模型中的材质。

Step7：确保模型整体靠近三色轴的原点（图15-4）。

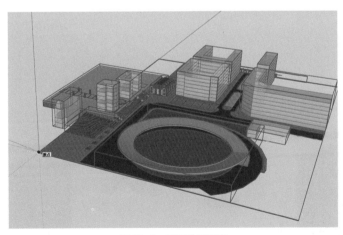

图15-4　模型放置原点

■ 外部文件导入

将SketchUp文件导入到Lumion8.0中。具体操作步骤如下：

Step1：运行Lumion8.0，导入模型之前首先新建场景。选择"Mountain Range"作为新建场景（图15-5）。

图 15-5　选择场景

Step2：点击"导入"按钮，点击"导入新模型"按钮，弹出"打开"对话框，选择需要导入的文件（图 15-6）。

图 15-6　选择模型文件

Step3: 选择完成后,将模型插入到场景原点位置附近 (图 15-7)。在"导入"面板中单击"调整高度"按钮⬆️，将模型向上移动一段距离，避免模型的地面与 Lumion 的地面重合而产生闪烁的现象。

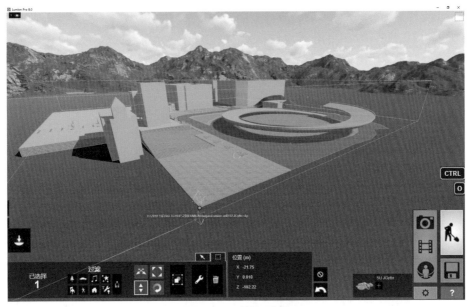

图 15-7　调整模型高度

■ **调节场景光线**

点击"天气"系统按钮☀️,弹出"天气"系统面板,用户可根据实际需要调整"太阳方位"、"太阳高度"、"云彩数量"、"太阳亮度"、"云彩类型"等参数 (图 15-8)。

图 15-8　调整光线

■ 编辑材质

1. 草坪

将草坪设置成与场地一样的材质，使整个模型表现得更为自然。

Step1：点击"材质"系统按钮 ，弹出"材质库"面板。

Step2：选择需要被编辑材质的表面，只要是与它相同颜色的物体，Lumion8.0 都会默认它们是同一种材质，所有被选中的表面会显示荧光绿色的"被选中"状态（图 15-9）。

图 15-9　草坪模型

Step3：点击屏幕左下角弹出的"材质库"面板中的"自定义"选项卡，此选项卡中只有一个级别的材质示例窗，在该窗口中选择"景观"材质 （图 15-10）。

图 15-10　选择景观材质

Step4：点击屏幕右下角的"确定"按钮 ，将材质应用到所选的草坪（图 15-11）。

2. 广场地铺

Step1：点击"材质"系统按钮 ，选择需要被编辑材质表面（广场铺地）（图 15-12）。

图15-11　完成草坪材质设置

图15-12　选择广场铺地模型

Step2：在"材质库"面板中点击"室外"选项卡中的"砖"材质，进一步选择砖的类型（本案例选择砖的类型为：Bricks 008a 1024）（图15-13）。

Step3：对材质参数进行调整，并将其应用到广场铺地（图15-14）。

3. 挡土墙材质

Step1：点击"材质"系统按钮，选择需要被编辑材质的表面（挡土墙）（图15-15）。

Step2：在"材质库"面板中，选择"自定义"选项卡中的"标准"材质（图15-16）。

图 15-13　选择砖材质

图 15-14　选择石材地铺材质

图 15-15　选择挡土墙模型

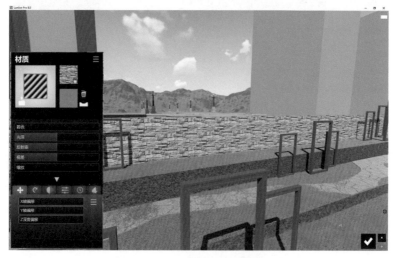

图 15-16　设置石材材质参数

Step3：根据设计需要调节各项参数，使其变成绿植墙效果（图 15-17）。

图 15-17　完成挡土墙材质设置

4. 配景楼体材质

Step1：点击"材质"系统按钮 ⏣，选择需要被编辑材质的表面（楼体）（图 15-18）。

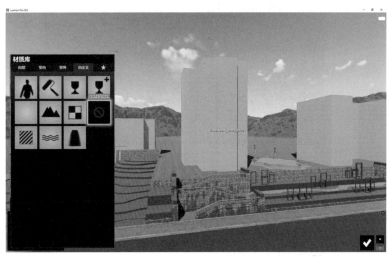

图 15-18　选择配楼模型

  Step2：在"材质库"面板中点击"室外"选项卡中的"玻璃"材质 ▨，进一步选择玻璃的类型（本案例选择玻璃的类型为：Opaque Glass 003）（图 15-19）。

  Step3：双击材质球进入"材质"编辑面板。点击"RGB" ▨，调节 RGB 颜色控制区面板参数；点击"属性" ✎，调节"着色"、"反射率"等参数（图 15-20、图 15-21）。

  5. 水体材质

Step1：点击"材质"系统按钮 ⏣，选择需要被编辑材质的表面（水体）（图 15-22）。

图 15-19　选择玻璃材质

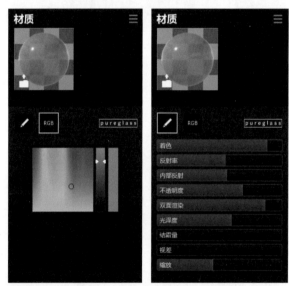

图 15-20　设置玻璃材质参数

图 15-21　完成玻璃材质设置

图 15-22　选择水体模型

Step2：在"材质库"面板中点击"自定义"选项卡中的"水"材质≈（图 15-23）。

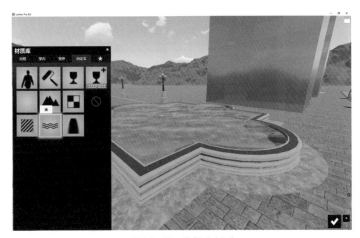

图 15-23　选择水材质

Step3：双击"水"材质≈图标，进入"水材质"编辑面板，可对"波高"、"光泽度"、"RGB"等参数进行调节（图 15-24）。

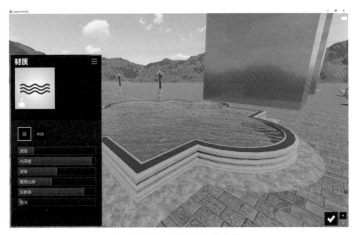

图 15-24　设置水材质参数

■ 插入配景

1. 喷泉

Step1：点击"物体"系统按钮，选择需要导入的物体（图15-25）。

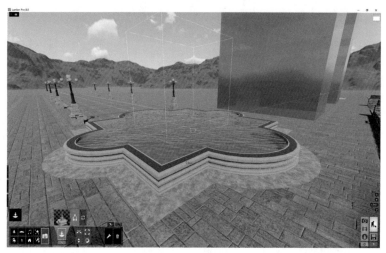

图15-25　放置喷泉模型

Step2：在"所导入的模型库"中，选择需要导入的模型（本案例中选择的模型是之前导入到模型库中的欧式喷泉模型），将光标移动到所需要插入喷泉的位置，点击鼠标左键放置喷泉模型（图15-26）。

图15-26　调整喷泉模型高度

Step3：通过鼠标和键盘共同配合调节场景观察视角，利用"移动"命令调整喷泉平面位置（图15-27）。

2. 植物

Step1：点击"物体"系统按钮，选择"自然"按钮，鼠标单击"选择物体"按钮（图15-28）。

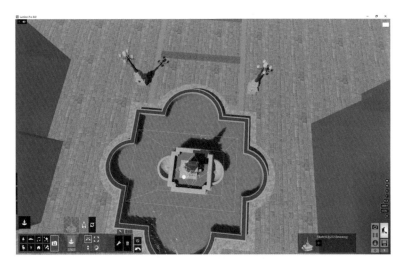

图 15-27　调整喷泉模型平面位置

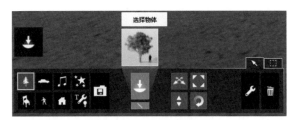

图 15-28　打开自然库

Step2：在"自然库"中，选择需要导入的植物模型（图 15-29）。

图 15-29　自然库

Step3：将光标移动到所需要插入植物的位置，点击鼠标左键放置植物模型（图 15-30）。

图 15-30　完成插入植物

以上操作可按照植物选型和设计要求依次插入乔木、灌木、草花等植物模型。

3.车

Step1：点击"物体"系统按钮![icon]，选择"交通工具"按钮![icon]，鼠标单击"选择物体"按钮![icon]（图 15-31）。

图 15-31　打开交通工具库

Step2：在"交通工具库"中，鼠标左键单击需要导入的汽车模型（图 15-32）。

图 15-32　交通工具库

Step3：将光标移动到所需要插入汽车模型的位置，点击鼠标左键放置汽车模型（图 15-33）。

图 15-33　完成插入车辆

根据以上操作，在场景中插入各类交通工具模型。

4. 行人

Step1：点击 "物体" 系统按钮 ![icon]，选择 "人和动物" 按钮 ![icon]，鼠标单击 "选择物体" 按钮 ![icon]（图 15-34）。

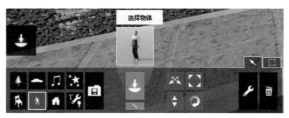

图 15-34　打开角色库

Step2：在 "角色库" 中，选择需要导入的人物模型（图 15-35）。

图 15-35　角色库

Step3：将光标移动到所需要插入人物模型的位置，点击鼠标左键放置人物模型（图15-36）。

图15-36　完成插入人物

根据以上操作，结合项目要求、场景效果选择各类人群模型或动物模型。

■ 静帧出图

Step1：点击屏幕右下角的"拍照模式"按钮 📷 ，移动摄像机找到合适的静帧出图的角度，通过"Ctrl+数字键"将当前的镜头保存，后续可通过"Shift+相应的数字键"以恢复当前镜头（图15-37）。

Step2：在需要添加特效的场景的缩略图上点击鼠标左键，通过"自定义风格"按钮 ⬦ 自定义风格 ，进入"选择风格"面板（图15-38）。

Step3："选择风格"面板提供了"真实"、"室内"、"黎明"、"日光效果"等八种风格和一种"自定义风格"。根据设计要求和场景情况选择某一风格，并在该风格编辑面板中对参数进行调节（图15-39）。

（a）

图15-37　保存镜头

（b）

图 15-37　保存镜头（续）

图 15-38　选择风格

图 15-39　选择风格

Step4：特效风格设置完毕后，点击＂渲染照片＂按钮 ，弹出＂渲染照片＂面板，可渲染＂当前拍摄＂照片和＂照片集＂中所有保存镜头（图15-40）。

（a）当前拍摄静帧

（b）照片集静帧

图15-40　渲染照片

Step5：点击面板下方＂渲染当前拍照＂或＂渲染所选的照片集＂，选择出图质量，Lumion8.0中提供了＂邮件（1280×720）＂、＂桌面（1920×1080）＂、＂印刷（3840×2160）＂和＂海报（7680×4320）＂四种渲染质量（图15-41）。

图15-41　静帧输出质量

Step6：选择其中一种渲染质量按钮，弹出"另存为"对话框，确定保存路径、文件名称和保存类型后，按"保存"键结束。渲染静帧图片所需的时间与电脑配置相关。渲染结束后，图片可在保存路径中找到（图 15—42）。

图 15—42　完成静帧输出

Step7：同时，Lumion8.0 还提供了将"当前拍摄"和"照片集"渲染上传至"MyLumion"云端个人账号的服务。点击"上传到 MyLumion"按钮，将建立网络连接。

■ **制作动画**

Step1：点击界面右下角"动画模式"按钮 <!-- icon -->（图 15—43），选择任意缩略图，点击上方出现的"录制"按钮 <!-- icon -->。进入"录制动画"面板，即可开始录制动画（图 15—44）。

动画模式 ——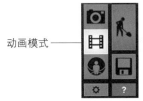

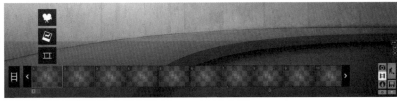

图 15—43　动画模式　　　　　　图 15—44　使用录制

Step2：在录制视频窗口中，可通过鼠标右键、键盘方向以及焦距滑杆的配合来调节镜头（图 15—45）。

图 15—45　调整摄像机

Step3：确定好镜头要录制的关键帧后，点击画面中的"拍摄照片"按钮 📷，调节"时间"按钮 ，确定该动画片段的时间，点击确认 ✔ 即可录制好一个动画片段（图15-46）。

图15-46　保存动画片段

Step4：点击"添加效果"按钮 **FX**，进入"选择剪辑效果"面板。在"场景和动画"特效标签中，为动画添加"群体移动"、"高级移动"等特效，使场景中的人物或车辆产生空间位移，增加动画片段真实动感效果（图15-47）。

图15-47　打开特效面板

Step5：动画制作完成后，点击"整个动画" 按钮选择"保存视频" 按钮，在"渲染影片"面板中选择动画输出类型，在该输出类型标签中选择"输出品质"、"每秒帧数"和"渲染清晰度"等参数（图15-48）。

（a）整个动画输出

图15-48　渲染影片

（b）当前拍摄动画输出

（c）图像序列动画输出

（d）MyLumion 动画输出

图 15-48　渲染影片（续）

Step6：点击"渲染清晰度"弹出"另存为"对话框，指定保存路径、文件名称和保存类型（MP4），点击"保存"后进入渲染动画阶段。渲染动画需要一定时间，时间的快慢与电脑配置相关（图 15-49）。

图 15-49　完成动画输出

■ 最终效果

（a）　　　　　　　　　　　　　　　（b）

（c）　　　　　　　　　　　　　　　（d）

图 15-50　综合案例动画静帧

（e）

（f）

（g）

（h）

图 15-50　综合案例动画静帧（续）

附录 SketchUp2018 常用快捷键一览表

SketchUp常用命令		快捷键	图标	菜单位置
"标准"工具栏	新建	Ctrl+N		文件（F）—新建（N）
	打开	Ctrl+O		文件（F）—打开（O）
	保存	Ctrl+S		文件（F）—保存（S）
	剪切	Ctrl+X		编辑（E）—剪切（T）
	复制	Ctrl+C		编辑（E）—复制（C）
	粘贴	Ctrl+V		编辑（E）—粘贴（P）
	擦除	Delete		编辑（E）—删除（D）
	撤销	Ctrl+Z		编辑（E）—撤销
	重做			编辑（E）—重做（T）
	打印	Ctrl+P		文件（F）—打印（P）
	模型信息			窗口（W）—模型信息
"主要"工具栏	选择	空格键		工具（T）—选择（S）
	制作组件	Alt+O		编辑（E）—制作组件（M）
	材质	X		工具（T）—材质
	擦除	E		工具（T）—删除（E）
"绘图"工具栏	直线	L		绘图（R）—直线（L）
	手绘线	Shift+F		绘图（R）—（F）
	矩形	B		绘图（R）—形状（S）—矩形（R）
	旋转矩形			绘图（R）—形状（S）—旋转矩形
	圆	C		绘图（R）—形状（S）—圆（C）
	多边形	Shift+B		绘图（R）—形状（S）—多边形（G）
	中心圆弧			绘图（R）—圆弧（A）—圆弧（A）
	两点圆弧	A		绘图（R）—圆弧（A）—两点圆弧
	3点圆弧			绘图（R）—圆弧（A）—3点圆弧
	扇形			绘图（R）—圆弧（A）—扇形
"编辑"工具栏	移动	V		工具（T）—移动（V）
	推/拉	U		工具（T）—推/拉（P）
	旋转	R		工具（T）—旋转（T）
	路径跟随	D		工具（T）—路径跟随（F）
	缩放	S		工具（T）—缩放（C）
	偏移	F		工具（T）—偏移（O）

SketchUp常用命令		快捷键	图标	菜单位置
"建筑施工"工具栏	卷尺工具	Q		工具（T）—卷尺（M）
	尺寸	Alt+T		工具（T）—尺寸（D）
	量角器	Shift+Q		工具（T）—量角器（O）
	文字	Shift+T		工具（T）—文字标注（T）
	轴	Y		工具（T）—坐标轴（X）
	三维文字	T		工具（T）—三维文字（3）
"相机"工具栏	环绕观察	鼠标中键		相机（C）—转动（O）
	平移	Shift+鼠标中键		相机（C）—平移（P）
	缩放	Alt+C+Z		相机（C）—缩放（Z）
	缩放窗口	Ctrl+Shift+W		相机（C）—缩放窗口（W）
	充满视窗	Shift+Z		相机（C）—缩放范围（E）
	上一个			相机（C）—上一个（R）
	定位镜头	Alt+C		相机（C）—定位相机（M）
	绕轴旋转	鼠标中键		
	漫游	W		相机（C）—漫游（W）
"截面"工具栏	剖切面	P		工具（T）—剖切面（N）
	显示剖切面			视图（V）—显示剖切（P）
	显示剖面切割			视图（V）—剖面切割（C）
	显示剖面填充			视图（V）—剖面填充
"视图"工具栏	等轴	F8		相机（C）—标准视图（S）—等轴视图（I）
	俯视图	F2		相机（C）—标准视图（S）—顶视图（T）
	前视图	F4		相机（C）—标准视图（S）—前视图（F）
	右视图	F7		相机（C）—标准视图（S）—右视图（R）
	后视图	F5		相机（C）—标准视图（S）—后视图（B）
	左视图	F6		相机（C）—标准视图（S）—左视图（L）
	底视图	F3		相机（C）—标准视图（S）—底视图（O）
"实体工具"工具栏	外壳	K		工具（T）—外壳（S）
	相交			工具（T）—实体工具（T）—交集（I）
	联合			工具（T）—实体工具（T）—并集（U）
	减去			工具（T）—实体工具（T）—差集（S）
	剪辑			工具（T）—实体工具（T）—修剪（T）
	拆分			工具（T）—实体工具（T）—拆分（P）

SketchUp常用命令		快捷键	图标	菜单位置
"沙箱"工具栏	根据等高线创建			绘图（R）—沙箱—根据等高线创建
	根据网络创建			绘图（R）—沙箱—根据网络创建
	曲面起伏			工具（T）—沙箱—曲面起伏
	曲面平整			工具（T）—沙箱—曲面平整
	曲面投射			工具（T）—沙箱—曲面投射
	添加细部			工具（T）—沙箱—添加细部
	对调角线			工具（T）—沙箱—对调角线
"高级镜头工具"工具栏	使用真实的相机参数创建物理相机			
	仔细查看通过"创建相机"创建的相机			工具（T）—高级镜头工具—仔细查看相机
	锁定/解锁当前相机			工具（T）—高级镜头工具—锁定/解锁当前相机
	显示/隐藏使用"创建相机"创建的所有相机			工具（T）—高级镜头工具—显示/隐藏所有相机
	显示/隐藏所有相机视锥线			工具（T）—高级镜头工具—显示/隐藏所有相机视锥线
	显示/隐藏所有相机视锥体			工具（T）—高级镜头工具—显示/隐藏所有相机视锥体
	清除从横比栏并返回默认相机			
其他常用快捷键	X光透视模式	Ctrl+~		视图（V）—表面类型（V）—X光透视模式（X）
	线框显示	Ctrl+1		视图（V）—表面类型（V）—线框显示（W）
	消隐	Ctrl+2		视图（V）—表面类型（V）—消隐（H）
	着色显示	Ctrl+3		视图（V）—表面类型（V）—着色显示（S）
	贴图	Ctrl+4		视图（V）—表面类型（V）—贴图（T）
	单色显示	Ctrl+5		视图（V）—表面类型（V）—单色显示（M）
	创建组件	W		编辑（E）—创建组件（M）
	创建群组	G		编辑（E）—创建群组（G）
	隐藏物体	Alt+H		视图（V）—隐藏物体（H）
	阴影	Alt+S		视图（V）—阴影（D）

参考文献

[1] 火星时代 .3ds Max&Sketch Up[M]. 北京：人民邮电出版社，2009.

[2] 马亮，边海 .Sketch Up ／ Piranesi 彩绘表现项目实践 [M]. 北京：人民邮电出版社，2015.

[3] 陈秋晓，徐丹，陶一超，闵锐，葛丹东 .Sketch Up ／ Lumion 辅助城市规划设计 [M]. 杭州：浙江大学出版社，2016.

[4] 谭俊鹏，边海 .Lumion ／ Sketch Up 印象：三维可视化技术精粹 [M]. 北京：人民邮电出版社，2012.

[5] 马亮，王芬，边海 .Sketch Up 印象：城市规划项目实践 [M]. 北京：人民邮电出版社，2013.

[6] 凤凰空间·上海 .Sketch Up 景观设计方案 [M]. 南京：江苏人民出版社，2012.